살아있는 기계의 시대

우리시대
질문총서
16

살아있는 기계의 시대

The Age of Living Machines
How Biology Will Build the Next Technology Revolution

수잔 호크필드 저
신보성 역

부산대학교출판문화원

THE AGE OF LIVING MACHINES by Susan Hockfield

This Korean edition was published by PUSAN NATIONAL UNIVERSITY PRESS in 2023 by arrangement with Susan Hockfield c/o Creative Artists Agency through KCC(Korea Copyright Center Inc.), Seoul.

차 례

발간사

우리는 지금까지와는 다른 '격변'의 시대를 살고 있다. '변화'는 시간의 흐름에 따르는 자연스러운 결과지만, 이 시대의 '변화'는 과거와는 전혀 다른 양상을 보이고 있다. 과거의 변화가 기존의 패러다임 내에서 일어나는 크고 작은 변화들이었다면, 지금의 변화는 가히 '패러다임의 전환'이라고 일컬을 만하다. 기존의 패러다임은 인간 중심적 인식의 틀 속에서 과학기술 문명의 발전과 자본주의적 체제의 구축, 명확히 경계 지어진 세계 속에서 전문성을 강조한다는 점에서, 어쩌면 여전히 근대성의 틀을 벗어나지 못했다고 할 수 있다.

지금 이런 패러다임으로 우리 시대를 판단하고 예견하는 데는 한계가 있다. 우리 시대는 지나간 시대로부터의 위기와 예측할 수 없는 미래에 대한 불안감, 그리고 도래할 시대에 대한 희망이 공존한다는 데 그 독특함이 있다. 새로운 패러다임은 기존의 패러다임에서 잉태된 위기로부터의 출구를 모색하는 과정이자 다가올 시대의 새로운 지향과도 관련되어 있다. 그래서 우리 앞의 복잡다기한 상황에 맞서, <우리시대 질문총서>는 '환경 변화와 인류의 미래', '신자유주의의 팽창과 연대', '휴머니즘에 대한 재성찰과 대안적 삶', '첨단기술혁명과 융복합', '글로벌/로컬의 관계 속에서 인간 삶의 변화'라는 주제를 통해 지금 이 시대를 성찰하고자 한다.

인간이 세계를 지배하는 시대, 인간이 환경의 전반적 흐름에 영향을 행사하는 이른바 인류세의 시대는 역설적이게도 인간의 무력함과 한계를 절감하게 한다. 인간이 누린 풍요의 대가가 되어버린 기후 변화와 생태계 변화는 우리 시대 초미의 관심사이지만 이런 변화는 사람들을 삶의 '지속 가능함'을 확신하기 어려운 상황으로 내몰고 있다. 그럼에도 불구하고 이런 불확실한 상황은 그동안 우리의 삶 자체를 성찰하는 한편 진정한 대안들을 새롭게 모색할 것을 촉구하고 있다.

4차 산업혁명으로 인한 자본주의의 급변과 인간과 기술의 포스트휴먼적 융합 시대의 도래는 인간의 존재적 위기와 함께 전통적인 인간상의 유효성에 의문을 제기하고 있다. 기계는 인간에게 어떤 영향을 끼칠 것인가, 인간은 기계의 문제에서 주도적일 수 있는가, 혹은 이런 변화는 인간과 기계의 대립을 넘어 새로운 가능성을 제시해줄 수 있는가. 최근 포스트휴먼의 가능성은 이런 질문들과 연결되어 있다. 포스트 휴먼 시대에 인간의 자리를 묻고 기술의 변화가 인간과 사회에 어떤 변화를 줄지 성찰하는 노력들이 필요하다.

한편 우리 시대는 근대 국민국가의 경계를 뛰어넘는 문화적 현상을 수없이 목격하고 있다. 국민과 난민의 경계가 모호해지면서 수많은 이질적인 문화들이 접촉하고 갈등하고 섞이는 혼종의 시대, 바로 이 시대에 우리는 민족문화의 중심성을 넘어서 글로벌과 로컬이 보다 긴밀해지는 문화적 관계 속으로 편입되고 있다. 그 결과 그동안 민족문화의 틀과 프리즘 밖에 존재하던 문화들이 새로운 관심사로 부각되고 있으며, 근대, 자본, 민족의 구조를 넘어서는 대안적 사고들이 곳곳에서 출현하고 있다. 전지구화와 함께 등장한 전지구적 자본과 문화의 압도적 힘 앞에서 무기

력해진 개인, 신자유주의의 팽창으로 인한 경쟁의 격화와 인간 소외는 '관계 맺는 존재로서의 인간'의 가능성에 대해 되묻고 다양한 방식의 '소통과 연대'를 제안하고 있다.

이러한 변화들은 우리의 기존 사고로 담아낼 수 없는 우리 시대의 현상들이다. 이런 현상들 앞에서 우리는 '왜?', '어떻게?'라는 질문을 던지고, 그 답을 찾아가는 비판적 사유의 여정을 시작하고자 한다. 이러한 비판적 사유의 여정은 분과학문으로 나누어져 전문성만을 강조해온 기존의 학문구조의 틀을 벗어나, 각 학문의 내적 융합뿐만 아니라 인문학, 사회과학, 자연과학 같은 학문 간의 융합을 전제로 한다.

<우리시대 질문총서>는 우리 앞에 놓인 이러한 현상들에 대한 성찰을 제공하고 대안을 모색하는 데에 그 취지가 있다. 이 총서는 우리 세계의 변화를 미시적이고 거시적으로 살펴볼 수 있는 학문적 시각을 제공하는 한편, 도래할 세계(the world to come)와 지나간 미래(future past)의 쌍방향적 대화와 성찰을 통해 우리 시대를 비판적으로 반성하고 예견하는 우리 시대의 문제적 활동들을 기획, 소개하고자 한다. <우리시대 질문총서>를 통한 사유와 성찰이 우리시대의 성숙한 집단 지성을 형성하는 마중물이 되었으면 한다.

그리고 <우리시대 질문총서>의 출판을 위해 도움을 주신 많은 분들께 감사드린다.

우리시대 질문총서 제작위원회

저자 서문

나는 지난 20년 동안 학장으로서 그리고 예일 대학교의 교수로서 그리고 그 후 MIT 대학교(Massachusetts Institute of Technology)의 총장으로서 과학의 지평을 내려다보는 특권을 누려왔다. 그동안 본 것은 숨이 막힐 정도로 놀라운 것들이었다. 전지를 자가 조립할 수 있는 바이러스, 물을 깨끗하게 할 수 있는 단백질, 암을 발견하고 없애버릴 수 있는 나노 입자, 마음을 읽을 수 있는 인공 의족과 농작물 수확량을 증가시킬 수 있는 새로운 컴퓨터 시스템 등과 같이 기발하고 강력한 생물학적 기반의 새로운 "기계"들이 우리 곁으로 다가오고 있다.

이 새로운 기계들은 과학 소설처럼 들릴지 모르지만 그렇지 않다. 이들 중 다수는 이미 잘 발전해나가고 있다. 이들은 각각 생물학과 공학의 혁명적인 융합[1]이라는 동일한 근원에서 생겨났다. 이 책은 융합에 대한 이야기로 구성되어 있다. 즉 크게 다른 두 가지 경로로 시작하여 하나로 귀결되는 놀라운 과학적 발견에 대한 것과 다음 세기에 우리 삶을 변화시키는 기계와 기술을 발명했던 획기적인 과학자들의 이야기에 대한 것이다.

우리 인류는 늘 새로운 도구와 기술이 필요하다. 오늘날 약 76억 명의 세계 인구[2]는 2050년까지 95억 명을 훨씬 넘어설 것으로 예상된다. 수 세기 동안 인류는 세계 인구에 연료와 힘을 공급하면서 지구 기후를 바꾸기에 충분한 이산화탄소를 과대하게 대기로 퍼부었고, 지금은 그 결과 때문에 힘겨운 씨름을[3] 하고 있다. 기온과 해수면이 상승하고 있고[4] 지구의 많은 부분이 가뭄, 기근 그리고 약물에 내성을 지닌 질병들로부터 고통을 받고 있다. 그리고 현재의 기계와 기술 수준을 확장한다고 해서 전 세계적으로 당면한 이 어려운 과제를 당장 해결할 수도 없다. 어떻게 하면 더 풍부하면서도 깨끗한 에너지를 만들어내고, 충분히 깨끗한 물을 생산하며, 더 적은 비용으로 더 효과적인 의약품을 개발하고, 우리 가운데 장애인들이 살 수 있게 하고 세계의 생태 균형을 방해하지 않고 더 많은 식량을 생산할 수 있을까? 이 문제들에 대한 새로운 해결책이 필요하다. 그렇지 않다면 우리 인류는 힘든 미래의 시간을 보낼 운명이다.

이전에도 비참한 전망을 극복하곤 했었다. 1798년 영국의 성직자, 경제학자 및 인구학자인 멜서스 로버트 토마스 목사(Thomas Robert Malthus)[5]는 인구 증가가 불가피하게 식량 생산량 증가를 앞지를 것을 미리 예견했다. 그의 분석은 오직 한 가지 경고만을 알려준다. 즉 토마스는 광범위한 기근, 전쟁 및 질병이 인구 증가를 억제할 것이라고 주장하면서 많은 사람들의 죽음에 의해서만 이 문제 극복이 가능하다고 주장하였다. 그는 "급증하는 인구증가는 비참함이나 악덕을 낳지 않고는 도저히 막을 수 없다"고 말했다. 하지만 토마스는 틀렸다. 그가 살던 시대의 농부들도 이미 농지에 대하여 4회 윤작 방식과 새로운 공급 거름을 작물에 적용하는 새로운 기술을 채택하기 시작했다. 이 새로운 기술들은 이전의 농업 방식을 근본적으로 바꾸어 놓았다. 그들은 땅을 더 비옥하게 만들었고 시장으로 더 많은 식량을 보냈다. 더 많은 식량을 구할 수 있게 되면서 영국의 인구는 토마스가 예상했던 것보다 훨씬 더 빠르게 증가[6]했고, 이것은 산업 혁명의 노동 수요를 충족시키는데 도움을 주었다. 19세기의 기술 주도의 농업 혁명[7]은 혁신과 경제 성장의 새로운 시대를 여는 데 크게 기여했다.

그리고 마침내 우리 인류는 오늘날 또 다시 비슷한 시점에 도착했다. 심각한 문제들은 비참한 결과를 초래할 잠재력을 가지고 있다. 그것은 지구의 많은 부분에 불행과 황폐를 가져다주고, 아직 우리는 그것들을 극복할 수 있는 수단을 가지고 있지 않을 뿐만 아니라 여전히 확인도 되지 않고 있다. 하지만 과학 지평을 다시 잘 들여다보면 놀랍도록 밝아 보이는 미래가 그 안에 보인다.

생물학과 공학은 이전에는 상상할 수 없었던 새로운 방식으로 융합되고 있으며[8], 이러한 융합은 곧 인류에게 가장 중요하고 가장 다루기 어려워 보이는 문제들에 대한 해결책을 제공할 수 있을 것이다. 이제는 유례없는 혁신과 번영의 시대로 접어들고 있으며 오히려 더 나은 미래를 향한 전망으로 더욱 흥분되는 지경이다.

수잔 호크필드

제 1 장

미래는 어디로부터 오는가?

2004년 8월 26일 이른 아침에 MIT 대학교 법인 회의[9]에서 나는 16대 총장으로 선출되었다. 그 자리에 내가 임명된 것 때문에 주변 사람들은 놀랐다. 그 사람들은 내가 그 직책을 맡은 첫 번째 여성이라고 외쳤다. 모두 남성이었던 15명의 전임자들과는 크게 달라진 것이었다. 그러나 이들을 더 놀라게 한 점은 내가 생물학자였다는 사실이었다. 그동안 MIT의 가장 잘 알려진 공학 분야가 아닌 뇌의 물리적, 화학적 및 구조적 발달에 대한 연구와 과학적 경력을 내가 가지고 있었기 때문이다. 이전에 생명과학자가 MIT 대학교의 총장을 맡았던 적이 없었다.

내가 취임했을 때도 MIT 대학교는 세계 최고의 공학 대학교로서 우수한 명성을 얻고 있었고 국제적으로도 유명한 물리학, 화학, 수학 및 컴퓨터 과학의 본거지였다. 대학교는 "아이디어를 행동으로(Ideas into Action)"라는 창설 당시의 사명을 기반으로 캠퍼스에서의 아이디어 발견을 유용한 시장 기술로 바꾸기 위해, 업계와 긴 시간 협력하고 있었다. MIT 대학교 교수진과 동문들은 인텔(Intel), 아날로그 디바이스(Analog Devices), 휴렛 팩커드(Hewlett Packard), 퀄컴(Qualcomm), 타이완 반도체 제조 회사(TSMC) 그리고 보스 법인(Bose Corporation) 등 여러 기업을 설립했다. 사람들이 MIT 대학교에 대해 생각할 때 떠오르는 여러 종류의 업적들은, 20세기 전자 산업과 디지털 산업이 폭발적으로 발전하는 동안, 미국을 선두로 만드는 데에 도움을 준 공학과 물리학의 혁명적 제품들의 도움이 매우 컸다.

나에게 총장 임용이 갑작스레 다가온 것은 이 때문이다. 사실 쉽게 예측 가능한 총장 임용은 공학자, 컴퓨터 과학자, 물리학자 혹은 수학자이었을 것이다. 하지만 2차 세계 전쟁이 끝난 이후로 MIT 대학교는 새롭게 부상하는 분자 생물학 분야에 전념해 왔다. 내가 캠퍼스에 도착했을 때 생물학과가 이미 세계 최고의 프로그램들 중 하나로 자리 잡고 있었다. 몇몇 생물학 교수들은 새로운 발견으로 이미 노벨상을 수상했고, 몇몇 교수들은 세계 최고의 생명공학 회사들을 출범시키는 데 도움을 주고 있었다.

공학과 생물학의 두 가지 강점과 더불어 새로운 형태의 협업이 바로 시작되었다. 내가 도착한 지 얼마 지나지 않아 공과대 학장이 보고했다.[10] 거의 400명의 공학 교수들 중 1/3 이상이 생물학 도구를 본인의 연구에 이미 사용하고 있다고 알려 주었다. 따라서 이러한 학문 융합이 21세기에 "아이디어를 행동으로" 바꿀 수 있는 흥미로운 방법임을 즉시 알았다. 그런 점에서 나의 임명은 타당했다. MIT 대학교 캠퍼스와 국제 학술 및 산업체에서 마침내 생물학과 공학의 통합을 촉진할 기회를 잡을 수 있었다.

MIT 대학교를 이끌 수 있는 기회가 막상 주어졌지만 사실 많이 고민되었다. 그 당시 예일 대학교 교수였으며 그곳에서 과학, 의학 및 공학 분야의 주요한 발전 계획을 돕고 있었다. 그 역할은 매우 즐거웠다. 그 확대 발전의 핵심 주제는, 학제 간 업무를 집중육성하기 위해, 여러 부서와 건물을 재설계하는 것이었다. 학제 간 기회를 넓히려는 나의 열정이 MIT 대학교 총장 임용 위원회의 관심을 끌었는데, 이미 MIT 대학교는 이러한 새로운 형태의 학제 간 융합이 미래를 위한 무한한 가능성을 제공한다는 것을 깊이 인식하고 있었다.

될 수 있을까? 될 것인가? 다른 연구기관으로 옮기는 것은 나와 MIT 대학교 모두에게 위험이 컸다. 하지만 어떤 면에서 나는 이 새로운 과제를 위해 평생을 준비해왔다고 판단되었다. 그래서 그 역할을 받아들이기로 하고 즉시 새로운 분야, 새로운 아이디어 그리고 새로운 책임으로 가는 흥미로운 여정에 발을 내딛었다.

나는 항상 일이 어떻게 돌아가는지 이해하고 싶은 끊임없는 욕망을 가지고 있었고 항상 그 호기심을 해결함으로써 스스로 만족해왔다. 어린 아이 시절부터 온갖 물체를 해부했다. 그것은 과학자가 되고 싶다는 걸 알기 훨씬 전의 일이었다. 호기심이 많았는데 새로운 물건들을 구입하게 되면 그들의 구성 요소로 줄이거나 그 부분들이 어떤 기능을 위해 합쳐지는지를 스스로 터득했다. 아버지가 집에 있는 어떤 것이든 고치는 것을 보면서 용기를 내어 어머니의 다리미와 청소기를 분해했다. 어느 날은 내가 가장 좋아하는 시계를 열어서 그것의 중심 스프링(main spring)과 분 기어(minute gear)를 살펴보는 순간, 풀리지 않았던 중심 스프링이 갑자기 내 손안에서 터뜨려지는 바람에 그 시계는 되돌릴 수 없는 수십 개의 부품으로 주변으로 흩어지기도 했다. 또 한편으로는 밖으로도 많은 호기심을 가졌다. 정원에 있는 수선화와 막 새로운 참나무의 첫 가지를 뻗은 새싹을 해부했다. 다리미를 떼어내고 나서는 어떻게 작동하는지가 분명했지만, 어떻게 수선화가 피고 참나무가 발아하는지는 알 수 없었다. 어떻게 수선화의 눈부시게 노란 꽃잎이 녹색 싹에서 나왔을까? 왜 꽃잎은 빨간색이 아니라 노란색이었을까? 가지가 자라게 된 것은 새싹 안에 무엇이 있었기 때문일까? 생물의 신비는 처음부터 나를 사로잡았다. 그들의 메인 스프링과 기어는 무엇이었을까?

어릴 적 부품 해체에 대한 열정이 인생의 직업을 바꿔어 놓았다. 어른이 되면서 과학자로서 두 번의 주요한 생물학 혁명과 같이 성장할 수 있는 행운을 접하게 되었다. 첫 번째는 분자 생물학이 살아있는 모든 유기체의 기본 구성 요소를 밝혀냈고, 두 번째는 유전체학이 질병의 원인이 되는 유전자를 식별하고 개체와 종을 추적하는 방안을 제공했다.

이 두 생물학적 혁명의 중요성은 아무리 강조해도 지나치지 않다. 분자 생물학은 1940년대 후반과 1950년대 초반에 본격적으로 등장했는데, 그 때 수많은 과학자가 교육과 경험을 통해 생물학 메카니즘을 보다 세밀한 수준의 해상도로 설명하기[11] 위해 일련의 새로운 기술(역자 주: 이는 제2차 세계 전쟁 중 개발된 기술을 의미함)을 도입했다. 생물학이 개별 분자 수준에서 어떻게 작용하는지 이해를 증진시켰다. 그래서 “분자 생물학(molecular biology)”이라는 이름이 붙어졌다. 유명한 것으로는 왓슨 제임스(James Watson), 크릭 프랜시스(Francis Crick), 윌킨스 모리스(Maurice Wilkins)와 프랭클린 로잘린드(Rosalind Franklin)[12] 등이 도입한 DNA 구조 관측의 새로운 X-선 회절 기술이었다. 이 발견은 방대한 규모의 새로운 가능성을 열어주었다. 과학자들은 이제 모든 생물체의 DNA, RNA 및 단백질 구성 요소인 세포의 "하드웨어" 수준에서 생물학을 이해하기 시작했다. 이윽고 그들이 개발한 새로운 도구 덕분에 건강한 세포 내면을 조사하고 질병에서 무엇이 잘못되고 있는지에 대한 생물학자의 이해를 증진시킬 수 있었다. 그 과정에서 그들은 진 테크(Genetech), 진 자임(Genzyme), 암젠(Amgen), 그리고 바이오젠(Biogen)과 같은 유명한 생명공학 회사들도 설립하였다. 이 회사들은 암, 다발성 경화증 및 간염에 대한 새로운 치료법을 개발하여 수많은 생명을 구하고 수만 개의 일자리를 창출했으며 나라 경제 성장에도 크게 기여했다.

분자 생물학이 세포의 "하드웨어(hardware)"에 대한 연구를 가능하게 했다면, 생물 분야의 혁명인 유전체학(genomics)은 각 살아있는 유기체 명령 집합 코드인 "소프트웨어(software)"에 대한 연구를 제공했다. 유전체학은 계산 기술의 진보에 힘입어 인간 게놈 지도[13]를 완성했다. 지구상의 거의 모든 종의 DNA와 RNA의 염기서열에 대한 고해상도 분석 도구를 제공했다. 수천 개체들 간의 게놈 정보를 비교할 수 있는 유전자 배열과 게놈 데이타 분석의 발전은, 수많은 질병의 복잡하고 다인위적인 유전적 토대를 해석할 수 있게 했다. 바이오 의약품을 이용한 개개인의 독특한 유전자 구성과 질병 아형을 기반으로 환자들을 위한 새로운 치료법 개발을 시작할 수 있도록 하였다. 그리고 개별 질병에 대한 개별화된 치료법을 최종목표로 나아가기 시작했다. 이와 같은 도구들은 식물과 동물을 보다 깊게 이해하게 하고, 앞으로 기술하겠지만 우리 인류의 가장 시급한 생명 산업 및 사회적 과제에 대한 새로운 해결책을 고안하기 시작했다.

학부 시절에 생물학을 공부했지만 그 때는 분자 생물학과 유전체학이 완전히 확산되기 몇 년 전이었다. 대학원에서 신경 해부학을 전공했고 뇌의 회로와 뇌 발달을 연구했다. 뇌 구조의 아름다움은 황홀하게 나를 사로잡았다. 당시 가능한 가장 진보된 기술을 사용하여 신경 세포와 정교하게 복잡한 상호 연결을 연구했다. 그 세포들이 어떻게 발달 과정을 거쳐서 보고, 듣고, 생각하고 마침내 꿈꿀 수 있고 매우 규칙적인 패턴으로 모여드는지를 탐구했다. 초기에는 뇌 구조와 생화학이 어떻게 영구적으로 변화시킬 수 있는가에 대하여 연구했다. 그럼에도 불구하고 당시에는 세포 구조의 수준을 넘어서서 생물학의 더 근본적인 구성 요소들, 즉 뇌의 기계를 작동시키는 단백질과 분자들을 볼 수 없었다. 그 당시 분자 생물학은 아직 신경과학에 사용되지 않았다.

박사학위를 마친 직후 큰 행운이 따랐다. 즉 DNA 구조의 발견자 중 한 명인 제임스 왓슨(James Watson)에 의해 콜드 스프링 하버 연구소(Cold Spring Harbor Laboratory)에 채용되었다. 그곳에서 다른 분야의 생물학자들이 유전자가 모든 살아있는 유기체, 식물 및 동물 등의 모든 활동을 지시하는지 보여주기 위해 분자 생물학을 어떻게 사용하는지를 알게 되었다. 분자 생물학자들을 통해 독감 바이러스, 연못 쓰레기, 튤립, 사과나무, 나비, 지렁이, 연어, 비글 강아지 그리고 인간에 이르는 모든 유기체들이 동일한 생물학적 구성 요소들에 의존한다는 사실을 알게 되었다.

대부분의 과학자들보다 앞서서 왓슨은 분자 생물학 개념과 도구가 모든 생명체의 연구에 혁명을 일으킬 것이라는 것을 직감하고 있었다.[14] 그는 생물학을 관측 과학(observational science)에서 예측 과학(predictive science)으로 변화시키는 이 분야의 힘을 간파했다. 그의 지도 아래 콜드 스프링 하버 과학자들은 바이러스와 효모의 구조를 밝히기 위해 분자 생물학을 발전시켰고, 같은 기술을 동물에서 추출하여 접시에서 자란 세포 작용을 이해하기 위해서도 사용했다. 왓슨은 이용 가능한 어떤 기술보다 훨씬 앞서서 분자 생물학의 도구들이 뇌의 많은 미스터리에 대한 해답을 밝혀낼 수 있는 가능성을 예견하고 있었다.

그 가능성이 나를 매료시켰다. 내가 콜드 스프링 하버에서 연구실을 운영했던 그 당시의 신경 과학은, 분자 생물학의 패러다임을 깨는 통찰력에 저항하기 위해, 마지막 생물학적 과학 중 하나로 여전히 남아 있었다. 신경 생물학의 강력한 주류 흐름에 맞서 분자 생물학의 도구를 받아들인 소수의 모험적인 신경과학자들과 함께 새로운 분야인 분자 신경생물학을 시작했다.

혁명은, 심지어 우리 인간이 지적 존재라 할지라도, 위험과 분열의 힘으로 가득 차 있다. 신경과학에 대한 새로운 접근법을 발전시키기 위해 싸우는 것은 나의 연구 보조금, 직업 그리고 연구 경력을 위태롭게 했다. 격앙된 논쟁은 곧장 안정된 회의장을 원한의 회의장으로 만들기도 하였다. 한 국제 회의 토론에서 인간 뇌를 연구하는 과학자들과 곤충 신경계를 연구하는 과학자들이 첨예하게 대립했다. 그 논쟁은 곤충으로부터 배운 것을 인간에 적용할 수 있는지에 관한 것이었다. 그것은 근본적으로 진화의 분자 구조에 대한 토론이었다. 그리고 이것은 토론이라고 보기 보다는 사실 대결에 가까웠다. 왜냐하면 아직 인간과 곤충의 신경계를 확실하게 비교할 수 있는 "부품 목록(parts list)"이 없었기 때문이다. 유전자를 알지 못했을 뿐만 아니라, 유전자 발달 과정에 대한 표현방식도 제대로 이해할 수 없었기 때문이었다.

우리 측은 반항자의 작은 그룹으로 시작해서 점차 선구적인 분자 신경생물학자 무리로 점차 우세해졌다. 우리가 시작한 운동은 고전적인 뇌 연구와 분자 생물학의 도구들을 결합함으로써 이전에는 상상할 수 없었던 두뇌의 작동 방식에 대한 통찰력을 제공했다. 마침내 신경과학을 변화시킨 주요한 힘으로 성장했다. 임상 개입을 위한 새로운 전략들과 타 분야 분자 생물학 연구의 획기적인 발전 덕분에, 오늘날에는 간질, 신경발달장애, 뇌졸중 그리고 다발성 경화증과 같은 염증성 질병 등과 같은 뇌 질환을 진단하고 치료하는 새로운 방법을 갖게 되었다. 그리고 알츠하이머병과 타 신경 퇴행성 질병들을 포함하여 여전히 어렵고 수많은 질병들에 대한 새로운 통찰력을 기대할 수 있게 되었다. 이러한 다양한 학문과 아이디어를 하나로 모으는 과학 혁명의 일부가 된다는 것은 이루 말할 수 없이 흥분되는 일이었다. 이러한 일련의 일들을 통해 마침내 참여자가 되었고, 새로운 발견에 대한 "융합(convergence)" 접근법의 지지자가 되었다.

내가 MIT 대학교의 총장으로 발탁된 것은 깜짝 놀랄만한 일이 아니었다. 1930년 초반기의 대공황 가운데에서도, MIT 대학교는 프린스턴(Princeton)대학교 출신의 물리학자 콤프턴 테일러 칼(Karl Taylor Compton) 교수를 초빙했던 적이 있었다. 지금 돌이켜보면 칼의 임명은 명백해 보이고 심지어 당연하지만, 그 당시에는 많은 사람들은 그동안 MIT 대학교 총장 임용의 전통과는 단절이라는 인상을 받았다. 칼 자신도 나중에 이것이 그의 인생에서 가장 놀라웠다고 회고했다. 1865년 MIT 대학교를 설립하면서 물리학을 핵심 연구 활동으로 추진했지만 여전히 학교의 명성은 과학 연구가 아니라 공학 기술 영역에서 성공을 거두고 있었다. 사람들은 이곳 MIT 대학교를 산업 시대를 앞당길 수 있는 기계 도구와 기술을 만들기 위해 기술자를 교육시키는 장소로 알고 있었다. MIT 대학교 학생들 또한 화학 산업이나 신생 전자 산업 분야에서 그들의 교육과 경력을 쌓을 준비가 되어 있다고 예상되었다.

칼은 매우 다른 경험의 소유자였다. 프린스턴 대학교에서 물리학부 학과장을 맡았고 전국적으로 유명한 팔머 물리 연구소(Palmer Physical Laboratory)를 운영하기도 했다. 그는 원자 물리학에 많은 관심을 쏟았는데, 원자 물리학은 그 때 이미 한 세대 전에 나타났었지만 불확실하지만 잠재력이 매우 높고 흥미로운 분야였다. 그때의 프린스턴 대학교 물리학부는 기초 과학을 발전시켜 다른 사람들이 추구할 산업 응용의 토대를 마련하고 있었다.

20세기 초기에는 기초 과학의 발견이 시장에서 새로운 상품으로 변하는 놀라운 시대였다. 원자의 기본 성분과 힘이 밝혀지면서 완전히 새로운 전자 산업 시대로 진입하게 되었다. 기초 물리학의 새로운 발견에서 시작하여 유용한 신제품으로 응용되는 길은 예측이 불가능했다. 과학 및 공학의 발견과 응용을 모두 성공한 대학교는 거의 없었고, 그나마 유명한 벨 연구소(Bell Laboratories), 에이티앤티(AT&T) 그리고 소수의 기업체만이 기초연구와 신제품 개발에 투자하고 있었다.

1897년에 위대한 물리학자 톰슨(Thomson)[15]은 전자를 "음전하 띠는 입자"로 확인했다. 그리고 퀴리 마리(Marie Curie), 퀴리 피에르(Pierre Curie), 뢴트겐 빌헬름(Wilhelm Roentgen) 그리고 러더퍼드 어니스트(Ernest Rutherford)를 포함한 그 세대의 다른 물리학자들은 모든 물리적 물질을 구성하는 기본 입자로 전자를 받아들였다. 그리고 이를 모델링하여 기초연구의 토대를 마련했다. 각각 다소 다른 경로를 추구했지만 그들은 원자핵의 양성자와 중성자 그리고 주변의 전자 구름과 같은 물리적 세계의 거동을 밝혔다. 마침내 지배하는 구성 요소의 "부품 목록(parts list)"을 식별하는 데 큰 도움을 주었다.

위 입자 거동을 지배하는 일련의 법칙과 함께 부품 목록이 모아지면서 그 시대의 물리학자들은 엔지니어들과 비로소 함께 일하기 시작했다. 함께 전구, 라디오, 텔레비전, 전화, 심지어 가정과 도시 전체를 위한 전기 시스템 같은 새로운 제품들을 만들었다. 전자 산업이 태어났고 그리고 수천 명의 사람들을 일하게 하였고 경제 성장을 촉진하기 시작했다. 따라서 오늘날 우리는 디지털과 컴퓨터 사용이 가능한 세계에서 물리학과 공학의 융합과 그 산업의 결실을 계속해서 즐기고 있다.

1930년까지 MIT 대학교는 과학과 공학의 질을 높이고 그들의 게임(역자 주: 신제품 개발)에 박차를 가해야 한다고 결정했다. 훗날 이 순간을 회고한 물리학과 교수 중 한 명은 다음과 같이 글을 남겼다. "우리는 거의 완전히 빠져있던 근본적 의미의 새로운 과학 세계와 현대 과학이 미래의 공학을 어떻게 변화시킬 수 있는지에 대한 새로운 인식을 일깨우고 있다."[16] 이러한 미래와 물리학 및 공학의 새로운 통합에 주목한 MIT 대학교는 그 당시 칼에게 총장직을 제안했었던 것이었다.

칼은 프린스턴 대학교와 그의 학생들에 대한 책임으로 떠나는 걸 꺼려했고 매우 당황했지만 결국 깨닫게 되었다. 이러한 깨달음은 74년 후에 비로소 나도 알게 되었던 것으로 평생에 한번 있을 제안이 주어졌다는 것이었다. 데일리 프린스토니안(역자 주:

프린스턴 대학교 잡지)과의 인터뷰에서 "과학이 공학 교육에 좋은 일을 할 수 있도록 돕는 이러한 기회는 모든 것을 뛰어넘는 큰 의무이다"고 말했다.

칼 박사는 MIT 대학교에서 물리학과 공학의 통합을 촉진하는 데 처음부터 전념했다. 이 대학교 사명을 받아들였다. 그리고 공학 및 과학 분야의 문제에 대한 실용적인 해결책을 개발하는 가장 좋은 방법은 높은 수준의 학제 간 협업을 장려하는 것임을 인식했다. 내가 시작하기 수십 년 전에 이미 그는 발견과 혁신에 대한 융합적 접근법을 채택했던 것이었다.

때때로 "물리학자 사이의 전쟁"이라고 불리는 제2차 세계 전쟁 신기술에 대한 요구는 공학과 물리학을 더욱 가깝게 만드는 계기가 되었다. 칼이 그 과정에서 중요한 역할을 했다. 1933년 칼은 과학자이자 지도자로서 기량을 인정을 받았다. 프랭클린 루즈벨트 대통령은 그를 1940년에 국방 연구 위원회(National Defense Research Committee; NDRC)로 변경된 과학 자문 위원회(Scientific Advisory Board; SAB)의 새 의장으로 임명했다. 전쟁 초기 국방 연구 위원회 수장으로서 칼은 레이더, 제트 추진 그리고 디지털 컴퓨팅 기술을 개발하는 데 도움을 주었으며, 이들 기술은 연합군의 궁극적 승리에도 크게 기여하였다. 예를 들어 MIT 대학교에 만들었던 방사선 연구소[17]에서는 거의 3,500명의 과학자, 엔지니어, 언어학자, 경제학자들 그리고 타 분야 연구자들을 한 군데 모아서 "전쟁에서 승리한 기술"로 묘사되는 새로운 레이더 장치를 발명하고 설계 및 구축하는 협력을 수행했다. 이는 전례가 없는 일이었다.

전쟁이 끝날 무렵 칼 지도력 아래에서 MIT 대학교는 기초과학이 점점 더 강해졌으며 이후 MIT 대학교의 공학부도 함께 자리를 잡으면서 세계 최고의 물리학부 중 하나가 되었다. 공학과 물리학에서 MIT 대학교의 두 가지 강점을 가지게 되었고 정부를 위한 더 넓은 지도력 임무를 수행하면서, 전쟁 이후에도 수십 년 동안 산업과 경제 강국으로 미국이 부상하는 과정에 결정적인 도움을 주었다.

그 당시 전자 산업은 수십 년 동안 급부상했다. 트랜지스터가 진공관을 대체하고 실리콘 기반의 회로가 트랜지스터를 대체하여 컴퓨터와 정보 산업의 문을 여는 일련의 발견과 응용을 촉진시켰다. 칼은 향후 여러 측면에서 컴퓨터가 통신과 국방의 근본을 변화시킬 것이라는 것을 이해했다. 하지만 그가 육성한 기술이 오늘날 우리가 살고 있는 디지털 세계를 어떻게 만들어낼지는 그 당시에는 제대로 예상할 수 없었던 것 같다. 그렇다. 거의 모두가 예상할 수 없었다. 그것이 과학 혁명의 본질이다. 혁명은 강력하고 예측할 수 없는 방식으로 전개되고 방대한 가능성을 분출한다. 그러나 칼은 물리학과 공학의 융합이 새로운 기술 시대의 시작을 상징한다는 믿음을 제대로 인식하였고, 이 혁명을 최대한 활용하도록 MIT 대학교에서 할 수 있는 모든 것을 계획했다.

이러한 업적 하나만으로도 칼은 제2차 세계 전쟁 이후, 미국의 기술력과 산업력의 출현에 대한 선견지명이 있는 마치 높은 위치의 건축가처럼 우뚝 서 있는 것과 같았다. 그리고 MIT 대학교에 있는 동안 생물학과 공학의 융합이라는 또 다른 혁명이 다가오는 것을 미리 보는 놀라운 선견지명도 가지고 있었다.

1936년 칼 박사는 "물리학이 생물학과 의학을 위해 할 수 있는 일"이라는 제목의 강연에서 다양한 의견을 피력했다.[18] 그는 집필한 책에서 새로운 세대의 사이클로트론이 방사성 표지를 원소에 통합하는[19] 것을 어떻게 가능하게 만들었는지를 포함하여 핵 물리학의 최근 발전 동향을 발표했다.

원소는 분자에 통합되고 그 분자가 화학 반응과 세포 또는 유기체의 대사 경로를 통해 이동할 때 방사성은 나온다. 강연에서 내과의사 헤르츠 사울(Saul Hertz) 박사가 방사선 기술이 갑상선 질환을 이해하고 치료하는 데 사용될 수 있는지에 대해 질문했다. 사울은 메사추세츠 종합 병원(Massachusetts General Hospital) 갑상선 분과 수장이었으며 그때 동료들과 함께 갑상선에 의한 요오드 섭취를 연구하고 있었다. 칼에게 요오드가 방사능이 될 수 있는지 물었다. 만약 그렇다면 갑상선에 요오드가 쌓이는 것을 추적할 수 있다고 즉각적으로 깨달았다. 즉 이것은 결국 갑상선 질환을 진단하는 것이 가능하고 갑상선 기능 항진증과 갑상선암을 위한 치료법으로서 아마도 병에 걸린 갑상선 조직을 선택적으로 죽이는 것을 의미했다.

그것은 대담한 생각이었고 즉 칼의 장점이었다. 사울은 매사추세츠 종합병원 내분비학 그룹과 MIT 대학교의 물리학 동료들을 연결시켰고 오늘날 "정밀 의학"이라고 부르는 초기 성공 사례 중 하나가 탄생했다. 그 팀은 방사성 요오드로 환자들을 성공적으로 치료하게 되었다.[20]

더 나아가 칼 박사는 생물학과 공학의 새로운 융합의 가능성을 인지하였고, 궁극적으로 물리학과 공학의 융합만큼 강력하고 사회 경제적으로 크게 변화할 것이라고 예측했다. 따라서 1939년에는 생물공학과(biological engineering)를 설립하였고 1942년에는 MIT 대학교의 생물학과를 생물공학과로 변경했다.[21,22] 칼은 시대를 훨씬 앞서고 있었다. 그 시대의 생물학자들은, 물리학자들이 물리적 물질에 대해 개발한 것처럼, 생물에 대한 부품 목록(part list)을 아직 개발하지 못하고 있었다. 결국 이러한 인식 부족으로 생물학부와 생물공학과는 그 이름에 걸맞지 않았고 몇 년 안에 다시 생물학부가 되었다.

1940년대 초에는 세계의 관심이 제2차 세계 전쟁으로 쏠렸다. 생물학이 아닌 물리학이 필수 과학이 됐다. 칼은 전쟁 동안 매우 활동적인 과학자, 행정가 그리고 공무원으로 일했다. 그는 레이더, 합성 고무, 화력 제어 및 열복사를 연구하였고 미국을 선두에서 이끌었다.[23] 과학 연구 개발 사무국(Office of Scientific Research and Development; OSRD)을 위한 해외 프로그램을 운영했고 더글라스 장군의 과학 고문으로도 일했고, 1945년에 해리 대통령이 원자 폭탄을 사용하기 위해 임명된 8명의 고문들 중 한 명이었다.

전쟁이 끝난 후 칼은 전쟁 종료 노력에 기여한 공로로 온갖 종류의 찬사를 한 몸에 받았다. 1946년 육군은 전쟁 종식 공로로 가장 높은 시민 명예인 "메리트 메달(Medal for Merit)"을 수여받았고, 이듬해 국립 과학 고등원에서는 공공 복지에 과학을 응용한 공로로 "마셀러스 하틀리 훈장(Marcellus Hartley Medal)"을 수여받았다.

다른 많은 상들과 마찬가지로 이 두 상은 칼 업적에 있어서 비슷한 점이 있다. 즉 물리학과 공학을 새로운 방식으로 융합시키고 이 융합 혁명을 도입한 것이다. 그는 전쟁을 끝낼 뿐만 아니라 미국의 번영과 가능성의 새로운 시대를 여는 데 많은 도움을 주었다. 칼의 시각은 놀라운 일련의 새로운 기계 도구와 기술을 제공했다. 라디오, 전화, 비행기, 텔레비전, 레이더 그리고 컴퓨터 뿐만 아니라 원자력, 레이저, 자기 공명 영상 장치와 컴퓨터 단층(Computed Tomography; CT) 스캐너, 로켓, 위성, 위성 항법 장치(Global Positioning System; GPS) 장치, 인터넷, 그리고 스마트폰 등이다. 이러한 도구들과 기술들은 지금의 세상을 너무 새롭게 바꾸어 놓았기 때문에 이것들이 없는 삶을 상상하기란 어렵게 됐다.

새로운 형태의 디지털 제품과 디지털 경제는 계속해서 세상을 변화시키고 있다. 빅데이타, 사물 인터넷 및 산업 인터넷을 탄생시킴으로써 소매업(예시로 Amazon을 생각해보라), 숙박업(Airbnb) 및 교통업(Lyft, Uber)의 새로운 비즈니스 모델을 가능케 했다. 혁명은 빠르게 계속되고 있고, 만약 칼이 오늘날 함께 있다면 분명히 이러한 결실을 보며 감동했을 것이다. 그러나 그가 예견했던 또 다른 혁명, 즉 생물학과 공학의 융합이 마침내 진행되고 있다는 것도 알게 된다면 분명 매우 흥분했을 것이다.

MIT 대학교에 임용되었을 때, 그동안 MIT 대학교 교수들이 얼마나 먼 길을 여행(역자 주: 어렵고도 수많은 연구) 했는지 알게 되었다. 그러나 매우 놀랍게도 이미 MIT 대학교 엔지니어들은 그들의 작업에 생물학 도구를 통합하여 사용하기 시작하고 있었다. 환경 공학자인 폴즈 마틴(Martin Polz)[24]은 해양의 이산화탄소를 대부분 잡아들이는 플랑크톤 개체군을 찾기 위해 컴퓨터 유전체학을 벌써 사용하고 있었다. 그리고 화학 공학자인 프레더 존스 크리스탈라(Kristala Jones Prather)[25]는 운송 연료와 약물과 같은 새로운 물질을 만들기 위해 미생물을 활용하고 있었다. 생물 공학자였던 물리학자인 마날리스 스콧(Scott Manalis)[26]은 개별 세포

무게를 재고 성장을 관찰하기 위해 정교하고 민감한 측정 방법을 고안하고 있었다. 이들 모두에게 영감을 준 사람은 랭거 로버트(Robert Langer)[27] 연구원 교수였는데, 그는 세계에서 가장 많은 특허를 보유하고 있었고 이미 25개 이상의 회사를 설립했다.

더 많이 알면 알수록, MIT 대학교 뿐만 아니라 전 세계 연구실에서도 이 새로운 분야의 프로젝트에 대해 생물학과 공학의 융합이 세상을 바꿀 수 있는 잠재력이 있다는 확신을 가지게 됐다. 그래서 나는 총장 재직 기간 동안에 모든 자원과 공간을 최대한 융합하고 실현시킬 수 있도록 신속하게 추진했다.

여러모로 성과가 있었다. 2007년 이후 국가 기초 생물학 연구의 저명한 센터 중 하나인 MIT 대학교의 암 연구 센터(MIT Center for Cancer Research)를 구성하는 생물학 교수진들은 공학 동료들과 힘을 합쳐 공학자, 임상의 그리고 생물학자의 흥미로운 혼합체인 MIT 대학교의 코흐 통합 암 연구소(MIT Koch Institute for Integrative Cancer Research)를 다시 구성했다. 암과 다른 질병들을 새로운 방식으로 이해하고 진단하고 치료하기 위해 함께 일을 시작했다. 수십 개의 회사들이 코흐 연구원으로부터 분리되어 떠났으며 현재 수많은 생명공학 제품들이 임상시험 단계 중에 있다. 즉 암의 가장 중요 부위에 직접 전달하기 위해 개발된 화학요법으로 암 세포 측정용 나노입자, 의사가 암세포를 더 정확하게 발견하고 제거할 수 있도록 하는 영상기술 그리고 전염성있는 암세포를 빠르게 식별하기 위한 전략 등이 그것들이다. 수많은 생명을 구할 수 있도록 적절한 약물이 충분히 빠르게 처방되도록 현재 방법 중 가장 빠른 시간 내에 약제를 투여하는 기술을 개발했다. 이와 비슷한 방식으로 MIT 대학교에서는 에너지 주도권(MIT Energy Initiative)을 시작했는데, 생물학의 부품 목록을 사용하는 새로운 에너지 기술 개발의 시작이었다. 이로써 10년 동안 에너지 주도권으로 인하여 새로운 전지, 새로운 태양 전지 및 새로운 에너지 관리 시스템 분야의 60개의 신생 회사들을 탄생시켰다.

MIT 대학교에서 일하는 동안 타 분야에서 막 떠오르는 많은 연구 분야의 선구자들을 만났다. 이것은 나에게 큰 행운이었다. 그리고 그들이 새로운 실험실의 발견을 어떻게 시장 제품으로 변환하고 아이디어를 어떻게 행동으로 옮기는지를 옆에서 지켜보았다. 앞으로 기술하겠지만 이 책의 독자들에게 연구실 및 실험실 현장을 가능한 상세히 보여드리고 그들이 개발한 도구와 기술이 우리 시대에 가장 요구되는 인도주의, 의료 및 환경 문제를 극복하기 위해 어떻게 활용될지 소개하겠다.

그들이 하고 있는 일은 지금 시대의 과학 이야기이다. 이것에 대해 의심할 바가 없다. 불과 한 세기 전에도 물리학과 공학이 합쳐져 우리의 세상을 완전히 변화시켰으며, 이제 생물학과 공학은 우리의 미래를 심오하게 변화시킬 준비가 되어 있다. 이 책은 떠오르는 미래를 미리 볼 수 있게 해줄 뿐만 아니라 우리 앞에 지금 무슨 일이 벌어지고 있는지 직접 보는 흥분을 즐길 수 있게 해줄 것이다.

이 책의 각 장에서는 그동안의 기술들을 차근차근 정리하여 독자들을 기초적인 생물학 개념에서부터 더 발전된 개념으로 이끌고자 한다. 생물학과 기술 기반의 새로운 세계는 가장 주목할 만한 과학 혁명 중 하나이다. 간단히 말해서 1950년 당시에는 유전자의 물리적 구조나 신체적 특성을 어떻게 발생시키는지 자세히 몰랐다. 예전에는 무엇이 옥수수 알맹이의 색깔을 결정하는 것인지 그리고 왜 암세포가 통제되지 않고 분열하는지를 몰랐지만 이제는 이해하게 되었다.

2장에서는 생물학의 정보 시스템 역할을 하는 핵산, DNA 및 RNA를 소개한다. 핵산은 생물학적 구조의 조립을 지시하고 한 세대에서 다음 세대로의 형질의 정확한 전달을 담당한다. 이 장에서는 핵산 조작이 가능하며 바이러스의 핵산이 차세대 전지 제조를 위해 어떻게 조작되는지 설명한다. DNA와 RNA는 많은 생물학적 기능을 담당하는 작은 기계인 단백질의 조립을 위한 명령 집합을 가지고 있다. 3장은 아쿠아포린(aquaporin)이라고 불리는 단백질 발견에 대한 이야기를 다룬다. 아쿠아포린은 박테리아, 동물 및 식물에서 물이 세포로 들어오고 나가는 매우 작은 통로 역할을 하며 이는 현재 상업용 물 필터(역자 주: 아쿠아포린이라는 발명품을 활용해서 물 필터 뿐만아니라 화장품 아쿠아폴(Aquaphor)로도 알려져있다)에 사용되고 있다. 4장의 기술은 질병 과정이 세포의 정상적인 분자 과정의 변화를 반영한다는 핵심 전제와 함께 최근 들어 가장 빠르게 성장하는 의학 분야 중 하나인 분자 의학을 소개한다. 이러한 변화를 인식하는 민감한 기술은 조기 질병 감지를 이전 보다 매우 안정적이고 저렴하게 제공한다. 호흡, 소화 및 청각과 같은 인간의 복잡한 생물학적 기능은 서로 다른 종류 세포들의 배열로 구성된 복잡한 조직에 의해 수행되는데, 뇌는 그 중 가장 복잡한 조직이다. 5장에서는 뇌가 어떻게 신경을 따라 사지를 움직이게 하는지를 설명하고, 절단 환자와 뇌손상 피해자들에게 새로운 기술이 어떻게 팔다리를 움직일 수 있는 능력을 회복시킬 수 있는지를 설명한다. 6장에서는 모든 살아있는 유기체에 대해 유전자와 단백질 표현의 합을 표현형이라고 부르는 물리적 특징으로 나타낸다. 적어도 인류는 지난 1만년 동안 표현형을 평가함으로써 식물과 동물을 선택하고 번식시켰다. 이 장에서는 표현형 기반 선택을 빠르게 하는 새로운 공학 도구를 설명하는데, 이 새로운 도구는 식량 작물을 더 생산적이고 탄력적으로 식별하여 증가하는 지구 인구에 영양을 공급하는 데 도움을 준다. 각각 매우 다른 방식으로 이 장들에서 설명하는 모든 기술들은 오늘날 우리가 살아가고 있는 생물학과 공학의 혁명적인 융합의 산물들이다. 만약 공학과 생물학을 결합시킨 이 새로운 기술들을 성공적으로 이해한다면 여러분은 전지를 만드는 바이러스, 물을 정화시키는 단백질 그리고 이 책의 모든 기술들은 공학과 생물학 분야의 발전을 끌어내는 데 있어서 많은 공통점이 있다는 것을 알게 될 것이다. 그리고 여러분도 수평선 너머에 있는 수많은 기술에서 이러한 공통 주제를 직접 인식하시길 바란다.

이러한 융합을 가능하게 하고 이러한 경계를 넘는 기술을 우리 삶에 빠르게 가져올 수 있도록 모든 것을 해야 한다. 이를 위해 마지막 장에서 가능한 한 빠르고 효과적으로 이를 수행할 수 있는 몇 가지 전략을 제시하였다.

제 2 장

생물학이 더 나은 전지를 만들 수 있는가?

1999년 벨처 안젤라(Angela Belcher)가 연구 제안서를 처음 제출했을 때 평가자들은 이 연구가 전혀 "도움이 되지않는다"고 말했다. 안젤라는 텍사스 대학교 오스틴 캠퍼스(University of Texas at Austin)에서 화학과 조교수로 교수직을 막 시작하려던 참이었다. 대학 교수로서 연구 경력을 시작하기 위해서는 연구 보조금 지원이 절실했다. 그가 제안한 것은 마치 무모한 것처럼 보였다. 그 연구를 통해서 궁극적으로 전자 회로와 전지를 "성장"시키는 데 사용될 바이러스를 개발하고 싶었다. 안젤라가 염두에 둔 바이러스성 전지는 현재 사용하는 전지보다 더 빨리 충전될 것이고 독성 폐기물 없이 생산될 것이며 부분적으로 생분해될 것이다. 그가 제안한 것은 사실상 재생 가능한 에너지이며 화석 연료의 실질적인 대안으로 깨끗하고, 저렴하고 친환경적인 제조 방법이었다. 안젤라는 이 아이디어가 세상을 바꿀 잠재력을 가지고 있다고 느꼈다.

그의 생각이 미친 짓으로 치부되자 안젤라는 매우 고통스러웠다. 그는 얼마 전 나에게 "연구계획서의 평가 결과를 읽을 때마다 울고 또 울었다"고 말했다. 그는 화가 났지만 그만두지는 않았다. 그리고 마침내 오늘날 그 당시 그의 평가자들이 오히려 미친 것처럼 보이게 하는 놀라운 연구 업적을 발표했다. 2000년 세계에서 가장 권위 있는 연구 저널 중 하나인 네이처(Nature)에 연구 결과를 발표하면서 오랜 관습에서 벗어난 새로운 아이디어의 가능성을 스스로 증명했다.[28] 그것은 독자적인 연구자로서 그의 첫 번째 논문이었다. 2001년에 MIT 대학교는 그를 고용했고 2002년 테크놀로지 리뷰 잡지에서 35세 이하의 세계 100대 혁신가 중 한 명으로 선정했으며, 2004년에는 맥아더 재단 보조금(MacArthur Foundation Genius Grant)을 수상하였고, 2006년에는 사이언티픽 아메리칸(Scientific American)이 올해의 연구 리더로 선정했다.[29] 오늘날 그는 MIT 대학교에 있는 켁 마이런 윌리엄(W. M. Keck) 에너지 분야의 교수이며, 생체 분자 재료 그룹을 지휘하고, MIT 대학교의 에너지 주도권의 활동적인 멤버임과 동시에 전기를 저장하는 새로운 방법을 설계하는 연구팀을 이끌고 있다. 또한 자신의 실험 결과를 시장 제품으로 옮기기 위해 스타트업 회사도 설립했다.

나는 MIT 대학교 총장 재임 초기에 엔지(역자 주: Angie Belcher의 애칭)를 만났다. 그 당시에 나는 배울 것이 많았고 빨리 배우고 싶었다. MIT 대학에서 떠올린 아이디어를 어떻게 적용하여 개발할지 그리고 그 아이디어들을 빨리 시장에 진입할 수 있을지 확인해보고 싶었다.

최대한 빨리 배우기 위해, 매달 열리는, 재직 중인 교수진들로 구성된 소규모 그룹의 조찬 모임을 만들고 그들을 초대했다. MIT 대학교에서 종신직을 얻기 위해서는 교수진들이 그 누구도 성취하지 못한 것을 이루어야만 한다. 매달 아침 식사에 초대된 교수들에게 자원, 인력 및 정신력 등을 마법처럼 협업을 설명하면서, 그들이 스스로 그들의 연구 업적을 관리할 수 있도록 확신을 심어드렸다. 어디가 그들에게 좋은 장소일까? 어떻게 하면 더 나은 곳으로 만들 수 있을까? 그들이 탐험하고 있던 새로운 연구 분야의 국경은 무엇인가? 등의 질문을 주고받았다.

또한 커피, 달걀과 페스트리를 넉넉하게 먹으며 MIT 대학교에서 가장 좋아하는 것이 무엇인지? 연구와 교육에서 가장 흥분되는 것이 무엇인지? 말해달라고 부탁했다. 대화가 돌아가면서 저마다 더 놀라운 지난 이야기를 들려주었고 그 와중에도 여전히 아직 이해하지 못하고 있는 나를 발견했다. 이론에서 실제로 옮겨가는 양자 컴퓨팅에 대해서도 이야기했다. 작은 윌리 웡카(역자 주: 소설 찰리와 초콜릿 공장에 등장하는 인물)의 영원한 돌사탕(Everlasting Gobstoppers)과 같이, 나노 입자를 층층이 쌓아 올리는 것에 대해서, 그리고 수십 가지의 기발한 발견과 발명품들에 대해서 의견을 나누었다. 그들의 말을 들으면서 가끔 놀라운 생각이 떠올랐다. 만약 나에게 그들의 발견과 열정에 대해서만 말하고, 그들이 어떤 학과나 학교에서 왔는지 선입견만으로 추측한다면, 이런 종류의 새로운 아이디어를 이해하기가 매우 어려웠을 것이다. 그들의 연구는 자유롭게 학문 간의 경계를 넘나들었고 새로운 아이디어를 연구실에서 시장으로 빠르게 내어 놓기 위해서는 무엇보다도 유연성이 매우 중요하다는 것을 깨달았다.

그들과의 대화에서, 많은 젊은 교수진들이 미친 듯이 매우 색

다른 의견들을 늘어놓았다. 그 중에 안젤라도 있었다. 안젤라는 바로 내가 융합연구의 전형적인 인물로 인식한 사람이었다. 생체분자 소재 그룹과 MIT 대학교 에너지 주도권과의 업무 외에도 재료공학과, 생물공학부 및 MIT 대학교의 코흐 통합 암 연구원에도 임용되어 있었다. 어느 날 아침에 그는 생물학과 공학을 결합해서 새로운 세대의 전자제품을 만들어야 한다고 말했고, 호기심에 그의 눈이 반짝이고 있었다. 미래의 에너지가 오늘날의 에너지 생성, 분배 및 저장하는 방식과 어떻게 다를지를 자세히 설명했다.

그는 1990년대에 캘리포니아 대학교 산타 바바라 캠퍼스(University of California Santa Barbara)에서 화학 박사학위 연구를 하면서, 생물학적으로 만들어진 새로운 세대의 전자제품에 대한 아이디어를 처음 생각해내었다. 그는 항상 자연에서의 도전과 기회에 대응하는 자연의 해결 능력에 매료되어 있었다. 박사과정 동안 전복과 태평양 연안에서 흔히 볼 수 있는 큰 바다 달팽이가 어떻게 껍질을 만드는지에 대한 연구에 집중했다. 이 과정을 통해서 다른 모든 종류의 응용 연구와 마찬가지로 전지 연구에 반드시 생명공학의 원리도 같이 수반해서 연구해야 한다고 확신했다.

진화적인 측면에서 볼 때 전복은 매우 어려운 문제를 스스로 해결해야 했다. 전복은 간단하고 쉽게 구할 수 있는 재료만을 사용하여 뛰어난 강도의 가벼운 껍질을 만드는 우아하고 기발한 해결책을 보여주었다. 먼저 아주 흔한 해양 물질인 칼슘(Ca)과 탄산(CO_3)을 한데 모아 흔히 칠판 분필로 사용되는 미네랄 화합물인 탄산칼슘($CaCO_3$)을 풍부하게 만든다. 분필 자체는 쉽게 부서지는 약한 재료이지만 전복은 두 단계 제조 공정으로 그 구조적 약점을 극복한다. 우선 탄산칼슘 분자를 매우 질서정연하게 배열하여아주 작은 결정을 형성한다.[30] 이 결정체들은 분필보다 훨씬 강하지만, 여전히 전복 껍질의 1/3,000 정도의 강도만을 가지고 있다.[31] 안젤라가 대학교수로서 연구를 하는 동안 전복의 결정체들이 강철과 같은 강도를 가진다는 것을 발견했다. 즉 벽에 벽돌을 함께 고정시키는 모르타르와 같은 기능을 하는 접착그물을 만들면서, 결정체 사이에 아주 작은 단백질 필라멘트를 만들고 배열시킨다. 벽돌 벽의 모르타르와 달리 전복 껍질의 모르타르는 고무처럼 되어 있어 깨지지 않고 약간 구부릴 수 있다. 견고하지만 유연한 단백질 필라멘트는 탄산칼슘 결정과 맞물려 전복 껍질에 믿을 수 없을 정도로 역동적인 강도를 부여한다. 껍질은 전복이 살아있는 동안은 전복 내부를 보호한다. 전복이 죽은 후에는 다음 세대의 조개류가 사용할 수 있는 성분으로 자연스럽게 분해된다. 이 모든 것은 자연 환경에 어떤 유해한 물질도 제공하지 않는다.

안젤라는 사무실에 전복 껍데기를 보관하고 있는데 안젤라 사무실을 방문할 때마다 그것들은 너무 아름다워서 그것들로부터 눈을 뗄 수가 없었다. 귀여운 아기 손 크기부터 열 살 아이 손 크기에 이르는 다양한 크기의 조개껍데기를 엄지와 집게손가락 안에 두고 함께 두고 본다면, 그것들은 마치 포장되지 않은 러시아 인형 세트처럼 보인다. 어느 날 평범한 원소들로부터 훌륭한 물질을 만들어 내는 생물학적 과정에 대해 이야기하다 보니, 가장 큰 전복 껍데기 중 하나를 집어 들고서 유리 내부 표면 위를 내 손가락으로 더듬고 싶어 참을 수가 없다. 빛에 비추면서 위치를 조금 옮기자마자 무지개 빛깔로 반짝반짝 빛났다. 전복은 50

년까지 살 수 있다. 크기에 상관없이 모든 껍질은 모양, 색깔 그리고 식감이 똑같다. 전복 겉은 거칠고 속은 윤이 나는 자개이다. 각각의 구멍은 생명체가 숨을 쉴 수 있도록 일정한 간격을 둔 멋진 모양의 원호로 장식되어 있다. 이것은 생명 공학 측면에서 보면 매우 경이로웠고 안젤라는 이 껍질이 어떻게 형성되는지를 연구하면서 다음과 같은 의문을 품기 시작했다. 만약 전복의 DNA가 바다에서 조개껍질을 만들기 위해, 그토록 효율적이고 효과적으로 원소를 모을 수 있는 단백질을 만드는 코드를 포함하고 있다면, 이와 같은 방식으로 다른 유기체의 DNA를 조정하여 또 다른 일도 할 수 있을까? 만약 그렇다면 그의 연구 제안서에서 말한 바와 같이, 전자 제품을 만들기 위해 반도체에 사용되는 갈륨 비소(gallium arsenide)와 실리콘과 같은 원소를 바이러스가 모이게 하는 것도 가능하지 않은가?

만약 그렇게 할 수 있다면 바이러스를 이용해서 해결할 수 있는 더 큰 문제는 무엇일까? 이러한 생각을 전지 구성품을 제조하는 데 사용할 수 있을까? 숨겨져 있는 효용성을 발견하자마자 그의 머리 속에서는 공학적인 아이디어가 끝없이 펼쳐지기 시작했다. "전복이 독성 부산물을 배출하지 않고 수백만 년에 걸쳐 필요한 껍데기를 만들 수 있다면, 왜 인간은 환경을 오염시키지 않고 우리가 필요한 모든 것을 만들 수 없을까" 고민하던 그에게 결국 '아하!' 하고 깨닫는 순간이 왔다.

안젤라는 캘리포니아 샌타바버라에서 대학교를 다니는 동안 고향인 텍사스의 바위, 식물, 동물들과 태평양 해변의 조개껍질을 보고 만지며 자랐다. 화학자이자 재료 과학자로서 그는 자연을 통해 주변 물질로부터 무한히 배열되어 있는 다양한 모양과 크기들을 흥미롭게 관찰했다. 사무실 선반에는 조개껍데기, 수정과 화석이 진열되어 있는데, 이것들을 보면 각각의 이야기를 신이 나서 자세하게 설명해 주었다.

한번은 한 손에는 아름다운 수정을, 다른 손에는 특징 없는 하얀색 바위 덩어리를 들고 이렇게 외쳤다. "이 반투명한 터키석 수정[32]은 아라고나이트(aragonite)와 동일한 구성을 가지고 있다!" 자연이 무엇을 할 수 있는지에 대한 연구 열정과 함께 안젤라는 어떻게 해야 다음 세대를 위해 세상을 더 좋게 만들 수 있는지에 대한 생각을 끊임없이 고민해왔다.

주변 물질들의 분자들이 어떻게 질서정연하게 배열되어 있는지, 매일 집어서 사용하는 물질들이 어떻게 구성되는지 신경쓰지 않을 수도 있다. 하지만 안젤라는 남들과 달리 끊임없이 고민했다. 어떻게 자연의 재료가 구성되고 배열되는지에 대한 연구를 중요하게 생각했다. 마침내 전복 껍질이 특정한 단백질로 만들어진 최소한의 모르타르와 결합된 탄산칼슘 결정체로 구성되어 있다는 사실을 밝혀냈다. 더 나은 전지를 설계하는 것은 더 나은 재료를 찾고 그 재료를 더 나은 배열로 정리하는 제조공정에 전적으로 달려 있다. 그러나 재료의 구성과 배열을 개선하는 것은 꽤 정교한 공학적 지식을 필요로 한다. 그리고 안젤라가 "아하!" 외쳤던 순간에 그는 첫 번째로 연구비 신청을 제안했다. 전지 부품을 재설계하는 데는 전적으로 인간의 독창성에 의존하기보다는, 바이러스를 이해하고 재료를 다시 재배치함으로써 더 나은 전지를 만들 수 있게 되었다.

안젤라가 에너지, 더 정확하게 말하면, 에너지 저장 문제를 해결하기 위해 노력하였듯이 앞으로의 에너지 경제에 대해 생각해 볼 필요가 있다. 에너지 사용 패턴은 어떻게 생겨났으며, 앞으로 수십 년 동안 인류가 사용할 에너지는 어디에서 오는지가 매우 중요해졌다.

인류 조상들이 불을 통제하는 법을 처음 배웠을 때부터 에너지 경제는 시작되었다. 남아프리카의 동굴에서 발견된 뼈와 식물의 재는 초기 인류의 조상 중 하나인 호모 에렉투스가 약 100만 년 전에 불을 피웠다는 증거를 보여준다.[33] 더 가까운 조상인 네안데르탈인은 약 40만년 전에 불을 사용했고,[34] 프랑스 남서부의 페흐 델 아제 I(Pech de l'Azé I)의 고고학적 증거는 적어도 5만 년 전에도 필요하면 불을 피울 수 있었다는 것을 암시한다.[35] 초기 사람들은 열과 빛을 얻기 위해 그리고 음식을 요리하기 위해 풀, 나뭇가지 및 줄기를 태웠다. 그 이후로 계속 에너지를 소비하고, 포착하고 저장하기 위해 자연에 전적으로 의존해왔다. 그 동안 다행인 것은 자연이 이러한 일련의 과정을 아주 잘 제공해 주었다는 사실이다.

식물은 훌륭한 에너지 저장고다. 그들은 빛 에너지를 사용하여 이산화탄소를 물과 결합하는 화학적 과정인 광합성을 통해 에너지를 저장한다. 물과 이산화탄소는 풍부한 기초물질이며 이들의 조합은 지구상의 대부분의 천연 물질을 만들어낸다. 나뭇잎, 꽃과 나무줄기에서 뼈, 피부와 근육에 이르기까지 이 복잡한 물질들을 만들기 위해 필요한 것은 이산화탄소와 물 분자 사이에 새로운 화학적 결합을 형성하는 에너지가 전부이다. 광합성은 탄소를 기반으로 하여 빛의 에너지를 화학 결합 에너지로 변환한다. 모든 화학적 결합은 기다리는 상태의 에너지(energy-in-waiting)이다. 화학적 결합을 만들 때 에너지가 필요하고, 그것을 깰 때 에너지를 다시 방출한다. 광합성의 경우 화학 결합을 형성하기 위한 태양광의 광자를 에너지원으로 제공받는다.[36] 그리고 불이 붙으면 에너지를 다시 방출한다. 예를 들어 장작을 태우는 것은 본질적으로 광합성의 과정을 거꾸로 진행시켜 화학 결합을 끊고 저장된 태양 에너지를 빛과 열로 다시 방출하는 과정이다. 이후에서 볼 수 있듯이 전지의 경우에 저장된 화학 에너지는 전자의 형태로 방출된다.

수천 년 동안 인간은 에너지 수요를 충족시키기 위해 나무와 초목에 의존해 왔다. 그러나 최근 몇 세기 동안 이러한 수요는 매우 빠른 속도로 증가했다. 1800년대 초 미국의 주요 에너지원[37]은 목재였으며 미국인은 연간 0.4조 BTU(역자 주: 영국 열량 단위로 1 BTU는 1파운드의 물의 온도를 화씨 1도 올리기 위해 필요한 열량이다)를 소비했다. 2016년에 미국의 총 에너지 소비량[38]은 97조 BTU로 1800년대 초반보다 250배나 많다. 이는 오늘날 미국인이 1800년 당시 미국인보다 약 4배 더 많은 에너지를 소비한다는 것을 의미한다. 점점 더 많은 에너지를 소비하는 인구증가의 요구를 충족하고 더 많은 수송 가능한 형태의 저장된 에너지를 찾기 위해 화석연료로 눈을 돌렸다. 석유, 가스와 석탄이라는 저장고는 죽은 나무, 식물 및 고대 숲의 기타 유기 물질과 식물 재료 화석이 압축되어 방대한 시간에 걸쳐 생성되었던 것이다.

석탄, 가스 및 석유의 화석 연료는 나뭇가지나 통나무보다 에너지 밀도가 높기 때문에 동일한 양의 에너지를 생산하기 위해 훨씬 적은 양을 필요로 한다. 이렇게 높은 에너지 밀도의 연료는 이동하기 훨씬 쉽고 저렴하게 만들어진다. 그러나 우리 인류는 심각한 문제에 직면해 있다. 통나무, 석탄 및 가스 등 탄소 기반 물질을 태우면 저장된 에너지를 열과 빛으로 방출할 뿐만 아니라, 식물의 광합성 과정에서 포착된 이산화탄소를 다시 밖으로 방출한다. 겉으로 보기에 광활하게 보이던 지구 대기는 탄소 기반의 에너지원을 태울 때 만들어내는 모든 이산화탄소를 흡수할 수 없다. 상상하기 어려울지도 모르지만, 실제로 그렇다. 비록 이산화탄소 수치가 지구 역사 동안 오르락 내리락 했지만, 이러한 변화는 항상 점진적으로 계속 증가하고 있었다. 오늘날 우리 인류는 뭔가 다르지만 매우 심각한 문제에 직면하고 있다. 즉 전례 없이 빠른 양의 이산화탄소가 대기 중으로 방출되고 있는 것이다.

저장하는데 수억 년이 걸린 이산화탄소의 전체 축적량을 불과 몇 세기 만에 세계 인구는 대기로 다시 방출했다. 몇 가지 추정치에 따르면 소비되는 휘발유 1 갤런(3.78 리터)은 100톤에 가까운 식물성 재료[40]의 산물이다. 화석 연료의 연소로 인하여 대기 중의 이산화탄소 농도 증가는 지구와 인간의 삶에 심각한 결과를 가져올 것이 거의 확실하다. 이러한 방식은 지구의 기후와 해

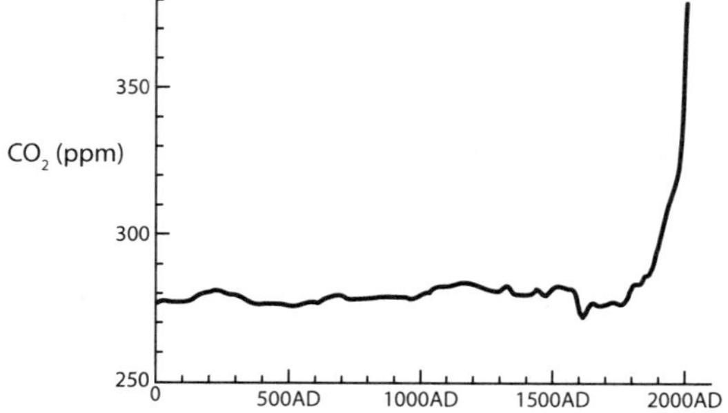

그림 2.1. 대기중 이산화탄소의 농도는 오랜기간 거의 변화가 없었지만 1800년 이후 급증한다.[39] (여기서 세로축으로 사용된 ppm은 parts per million, 즉 백만분의 1이라는 뜻으로 농도를 나타내는 단위이다.)

양의 상태를 극적으로 변화시켰다.

화석 연료의 연소는 또 다른 방식으로 대기를 오염시킨다. 예를 들어 난방이나 발전을 위한 석탄 연소는 그 동안 석탄 안에 갇혀 있었던 수은, 황 및 흙 입자를 포함한 공기중에 미립자를 방출하여 근처에 사는 사람들의 건강을 위험에 빠뜨린다. 이것은 심각한 결과를 가져온다. 이론상으로는 석탄 연소의 위험성을 이해했지만, 내가 총장일 때, MIT 대학교 에너지 주도권의 에너지 경제학자 중에 한 명인 그린스톤 마이클(Michael Greenstone)은 이에 대하여 생생하게 알려 주었다. 그린스톤과 그의 동료들이 건강 기록을 꼼꼼히 분석했으며, 이에 대한 중국 사례를 들려주었다. 1950년과 1980년 사이에 중국의 국가 정책[41]은 회수 이남 이외의 회수 이북에 사는 사람들을 위해 난방 석탄을 무료로 제공한 적이 있었다. 이후 자료를 분석해보니, 난방 지역 주민들의 기대 수명이 정부지원의 석탄이 없는 지역 주민들보다 5.5년 이상 짧다는 것을 발견했다. 이러한 차이는 석탄 연소로 인한 공기 미립자에 대한 노출로 인하여 심폐질환 사망률의 증가 원인이 되었다는 것을 말해주었다.

오늘날 화석 연료 연소 문제가 그 자체로 충분히 치명적이지 않다 하더라도 점차 더 악화될 것이다. 세계의 에너지 수요는 두 가지 이유로 2050년까지 두 배 이상 증가할 것이다.[42] 그 이유로, 첫째, 세계 인구는 오늘날의 약 76억 명에서[43] 향후 30년 동안 95억 명 이상으로 증가할 것이다. 둘째, 만약 모든 것이 잘 된다면 (그리고 그렇게 되기를 바라면서) 세계 인구 중 더 많은 사람들이 부유해질 것이고 현재 선진국에서 누리고 있는 에너지 집약적 생활방식으로 바뀔 것이다. 오늘날 미국인은 평균적으로 매년 13,000kWh 이상의 전기를 소비하는 반면,[44] 방글라데시인은 평균 300kWh의 전기를 소비한다.[45] 더 많은 사람들이 훨씬 더 높은 수준에서 에너지를 소비하기 시작하면 어떤 일이 일어날까? 오염과 오염의 모든 위험한 결과는 단순한 필요악인가? 아니면 과학자들과 기술자가 이 문제에 대한 새로운 방법을 발명하고 혁신할 수 있을까?

하지만 우리 세계는 태양의 따뜻함, 여름 바람의 냉각, 강과 폭포의 힘 그리고 바다의 조수의 끌어당김 등의 대체 에너지원이 더할 나위 없이 풍부하다. 이러한 대체 에너지원이 우리의 모든 에너지 수요를 충족시킬 수 있는 날을 꿈꾼다. 한 번은 휴가 동안 아버지와 함께 항해를 떠났다. 그 때 아버지가 배 뒤에 선외기 엔진을 장착하는 일을 보고, 마치 어린 순수한 아이처럼, 내가 비웃었던 기억이 난다. 하지만 아침의 상쾌한 바람이 잦아들면서 해안에서 멀리 떨어지게 되자 이러한 나의 태도는 빠르게 바뀌었다. 만약에 낮이나 어쩌면 밤에 전기가 공급되지 않는 상황을 바다에서 갑자기 맞닥뜨리게 되었다면, 육지로 돌아오게 하는데 필요한 연료를 얻을 수 있는 그 자체 만으로도 충분히 기뻐했을 것이다. 환경에 대한 이런 저런 생각조차 없이 말이다. 어쩔 수 없이 비슷한 방식으로, 우리는 일상생활에서 화석 연료가 필요할 때마다 화석 연료에 의존한다. 즉 집에 난방을 하고, 상품을 전 세계로 운반하고, 전력망에 전력을 공급하기 위해서다. 우리 모두는 화석연료없는 삶을 상상할 수 없다.

최근 수십 년 동안 태양과 바람을 전기 에너지로 전환하기 위한 눈부신 신기술들을 고안해 냈고, 그 기술들은 항상 더 나아지고 더 저렴해지고 있다. 하지만 한 가지 문제가 있다. 비록 이러한 에너지원을 발견하고 변환하는 데는 능숙하지만, 그 에너지를 나중에 사용하기 위해 저장하는 데는 여전히 기술적인 제약이 있다. 사막의 밝은 태양은 저녁의 서늘함을 뚫고 따뜻하게 해주며 충분한 에너지를 만들어 내고, 폭풍 속에서 맹렬히 부는 바람은 폭풍 후의 고요함을 이겨내기에 충분한 에너지를 만들어 내지만, 이러한 에너지원을 비용 측면에서 효율적으로 저장할 방법을 아직 알아내지 못했다. "간헐성(Intermittency)"은 대체 에너지원을 진정으로 실용화하는 데 있어 우리가 직면하고 있는 도전을 설명하는 유행어가 되었다.[46] 만약 과학자들과 공학자들이 태양, 바람 및 대체 에너지에 내재된 간헐성 문제를 극복하도록 하는 전지를 고안해 낼 수 있다면, 미래에는 거의 모든 에너지 요구를 충족시키길 뿐만 아니라 놀랍도록 깨끗하고 풍부한 자원을 사용할 수 있을 것이다.

초기 연구에서 안젤라는 이 문제를 해결할 수 있는 아이디어를 직감적으로 알았다. 초기의 연구 보조금 신청서에서 바이러스를 비소 갈륨과 반도체용 실리콘과 같은 비생물학적 물질을 조직할 수 있는 변형 혹은 "진화하는" 것을 제안했다. 이러한 새로운 전지를 만드는 데 새로운 도구(바이러스)를 사용하는 것에 대해 생각하기 시작했다. 그의 연구는 그 당시 각광 받는 기술 동향과 멋지게 조화를 이루었고 시기적으로 매우 적절했다.

바이러스와 반도체 물질에 대한 그의 연구결과는 바이러스가 나노 단위로 물질을 쉽게 배열할 수 있다는 것을 보여 주었다. 생물학적 유기체가 비생물학적 요소를 유용한 구성으로 배열하도록 하는 게 가능한지를 알아보는 실험을 시작했다. "주기율표에 있는 원소들 중 어떤 것이 새로운 구조를 만들기 위해 바이러스들과 협력할 수 있는지 알고 싶었다"라고 그는 말했다. 모든 원소 요소가 바이러스에 적극적으로 관여하지는 않았다. 하지만 그는 특히 금속과 금속 산화물이 바이러스와 잘 작용한다는 것을 발견했다. 이것은 바이러스 결합 요소들이 전극을 만드는데 사용될 수 있으며, 깨끗하고 효율적이며 값싼 새로운 전지 제조 방법의 새로운 문을 여는 것처럼 보여서 그는 매우 기뻐했다. 하지만 어떻게 그렇게 할 수 있다고 생각했는지 이해하기 위해서 우리는 먼저 전지가 무엇인지 이해할 필요가 있다.

일상생활에 필수적인 많은 도구들과 기술들과 마찬가지로 처음에는 전지 또한 에너지를 저장하는 문제를 해결하거나 실용적인 문제를 해결하기 위해서 발명되지는 않았다. 전지는 자연 세계를 이해하고자 하는 단순한 욕망에서 시작되었는데 이는 안젤라의 새로운 전지 혁신에 영감을 준 것과 같은 과정이다.

첫 번째 전지는 1800년으로 거슬러 올라가는데[47] 볼타 알레산드로(Alessandro Volta)가 구리와 아연 원반을 함께 쌓고 소금에 절인 천 조각으로 각 층을 분리하면 전류를 발생시킬 수 있다는 것을 보여주었다. 이 더미는 "볼타 파일(voltaic pile)(역자 주: 회로에 지속적으로 전류를 공급할 수있는 최초의 전기 배터리, 이 실험은 1800년에 알레산드로 볼타 (Alessandro Volta)에 의해 고안되었음)"로 알려지게 되었다. 간단히 말해서 그것은 한 금속에서 다른 금속으로 전자를 이동시킴으로써 화학 에너지를 전기 에너지로 바꾼 것이다.

전자는 작고 음전하를 띤 입자들이다. "볼타 파일"의 구리 디스크는 양극, 아연 디스크는 음극을 형성된다. 1세대 전지의 교류 디스크는 그 자체로는 전하를 전달하지 못하지만 두 극 사이에 금속선이 연결되면 양극에서 음극으로 전자의 흐름을 발생시킨다. 작은 전구와 같은 전기 장치의 회로를 연결하면, 전류가 흐를 때 전구에 불이 켜진다. 결국 이 과정은 사용 가능한 모든 전자가 전달되고, 금속이 새로운 전자를 생성하거나 받아들이는 능력을 소진할 때까지 이러한 과정은 계속 진행된다. 이 시점에 도달하면 전지는 더 이상 전기를 생산할 수 없으며 결국 전구가 꺼지며 이제 전지를 교체해야 한다.

알레산드로는 전기 출력을 최대화하기 위해 다른 음극과 양극 금속과 여러 가지 다른 전해질 액으로도 실험하였지만, 실용적인 용도로도 충분할 만큼의 전기를 생산하지 못했다. 그러나 이후 다른 연구자들은 그가 중단했던 부분을 다시 시작하였고 결국에는 전기 장치까지 작동시킬 수 있는 실용적인 전지를 만들었다. 만약 그가 오늘날 우리를 방문한다면, 알레산드로는 오늘날의 전지가 그의 직계 후손만큼 많이 닮았다고 할 정도이다.

전지에 대해 이해하는 또 하나의 방법은 에너지 운송(휴대) 장치를 통한 것이다. 비행기 안에서 헤드폰으로 음악을 듣기 위해 가지고 다니는 표준 AAA 전지는 누구나 원할 때 언제든지 전기에너지로 바꿀 수 있는 화학 에너지를 운반하는 한 종류의 전기 장치일 뿐이다. 집에 있을 때에는 벽면 콘센트가 훨씬 더 풍부한 전기 공급원을 제공하지만 가정용 전기를 사용할 수 없을 때에는 전지가 그 틈을 메운다. 휴대폰이나 노트북에 있는 것과 같은 충전식 전지는 에너지 저장 장치로 잘 사용되고 있다. 축전기가 방전되었을 때는, 양극에서 음극으로 이동하는 전자를 다시 복구하기 위해, 벽 플러그와 같은 외부 전기를 사용하여 방전 과정의 반대 과정으로 되돌릴 수 있다.

이 되돌리는 과정이 쉬워야 한다고 생각할지도 모른다. 하지

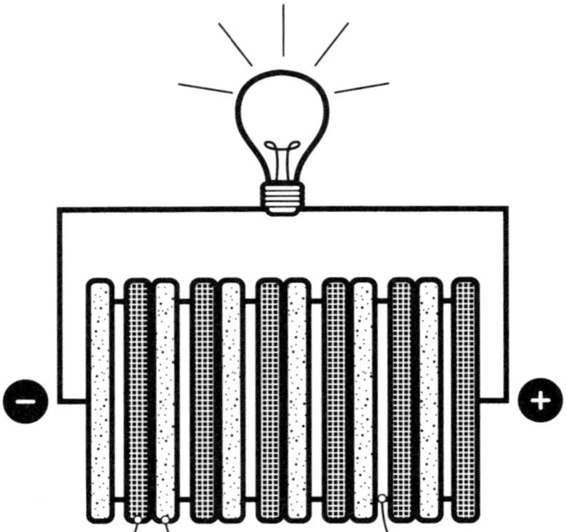

그림 2.2. 알레산드로의 기본 전지는 구리 디스크와 아연 디스크 쌍을 번갈아 구성하며 각 디스크 사이에 전해질 층이 있고 전자는 아연 양극(-)에서 구리 음극(+)으로 전선을 따라 흘러가면서 전구 불을 켠다.

만 아니다. 왜냐하면 전자 발생기와 전자 수용기 역할을 할 수 있는 재료가 반드시 이 과정에서 필요하기 때문이다. 첫 번째 충전식 전지는 겨우 한 세기 전에 성공적으로[48] 사용되기 시작했다. 전극과 전해질로 각각 납과 황산을 사용했다. 이러한 재료부품들은 전지를 무겁고 위험하게 만들었지만, 그럼에도 불구하고 뛰어난 신뢰성을 가지고 있었고, 그 결과 아직도 재충전 요구에 여전히 납산 전지를 표준 중량으로 사용하고 있다. 전 세계 도로에서 대부분의 자동차는 거의 납산 전지를 사용한다. 비록 높은 구동력을 위해 대부분의 전기 자동차들이 리튬 이온 전지를 사용하지만, 대부분의 자동차는 전조등, 선풍기 그리고 안전성의 전력을 공급하기 위해 여전히 납산 전지를 사용한다.

최근 몇 년 동안 모바일 전자장치의 확산은 훨씬 가볍고 안전한 충전식 전지[49]의 개발을 촉발시켰다. 리튬 이온 전지는 현재 우리의 휴대폰, 손전등 그리고 대부분의 휴대용 전자 기기에 전원을 공급하지만, 대규모 에너지 수요를 충족시킬 만큼 경제적이고 효율적이며 강력하지 않다.

호버 보드와 휴대전화 등에 사용되는 리튬 전지는 가끔 화재가 발생하는 위험을 여전히 내포하고 있다. 전지 자체의 기술적 한계를 넘어, 전지의 표준 제조 공정[50] 또한 매우 높은 온도를 필요로 하며 유독성 부산물을 유발한다. 얼마나 많은 양이 발생하는지에 대한 추정치는 다양하지만, 2017년에 스웨덴 환경 연구원(IVL Swedish Environmental Research Institute)은 한 대의 전기 자동차 전지를 만드는 것이 2,250 갤런의 휘발유를 태울 때[51] 생성되는 양인 20톤의 이산화탄소[52]와 맞먹는 양의 환경 쓰레기를 발생시킨다고 예측했다[53]. 그러므로 전기 자동차를 운전하는 것에 대한 선순환을 느끼기 전에, 에너지 소비와 이산화탄소 생산에서의 전지 제조 비용과 전지를 재충전하기 위한 전기 발생원을 먼저 고려해야 한다. 재충전하기 위한 전기는 수력 발전소에서 나오는가? 아니면 발전소에서 나오는가? 화석연료를 태우는가? 제조에 드는 에너지 비용 외에도 다른 제조 공정과 마찬가지로 전지를 만드는 공정에서 많은 폐기물을 발생시키고 일부는 매우 유독하다.

모든 것을 고려해 볼 때 오늘날 이용할 수 있는 선택은 별로 없다. 결국 빠르게 증가하는 에너지 저장의 수요를 따라가지 못한다. 에너지 저장에 대해서 새로운 접근 방식을 고안한 것이 바로 안젤라가 이 게임(역자 주: 연구 개발)에 참여한 동기이다. 물론 그 혼자만이 더 깨끗하고 가볍고 효율적인 전지를 개발하는 일을 하는 것은 아니다. 전 세계의 많은 연구원들이 이 문제를 해결하고자 시도하였고 최근 몇 년 동안 수십 개의 유망한 신기술들이 연구실에서 나왔다. 예를 들어 스탠포드 대학교(Stanford University)의 이 최(Yi Cui)와 그의 동료들은[54] 더 단단하게 포장되고, 더 많은 충전이 가능하고, 그리고 현재의 전지보다 더 오래갈 가능성을 가진 전지용 나노 입자를 설계했다. 싱가포르 남양이공 대학교(Nanyang Technological University)의 신 제상(Shen Ze Xiang)[55]은 저렴하고 안전한 리튬 이온 전지의 대안으로 나노시트(nanosheet) 디자인을 사용하여 나트륨 이온 전지를 개발하고 있다. 특히 안젤라는 생물 특히 바이러스를 활용하여 놀랄 만큼 혁신적인 접근 방식을 취했다.

식물, 동물 심지어 단세포 효모나 박테리아를 포함한 대부분의 살아있는 유기체들과 달리 대부분 바이러스는 생명 성분이 부족하다. 세포벽이나 핵 또는 다른 살아있는 유기체들이 가지고 있는 어떤 내부 구조적인 요소도 가지고 있지 않다. 대신 그들은 DNA나 RNA 가닥을 둘러싸는 단백질 캡슐로 구성되어 있다.[56] "그게 다죠!" 그럼에도 불구하고, 바이러스는 지구의 모든 생태계에서 오랫동안 번창해 왔다. 3억년 전으로 거슬러 올라가면[57] 그 당시 곤충을 전염시켰던 바이러스 증거도 가지고 있다. 이러한 바이러스는 심지어 놀라울 정도로 성공적으로 번식한다. 인체를 포함한 모든 종류의 다른 환경에서도 바이러스는 번식한다. 이는 때로는 무서운 질병을 유발하기도 한다.

바이러스는 생물학적 미니멀리스트(minimalists)이다. 하지만 그 단순함에도 불구하고 바이러스는 그 부모와 거의 같다. 마치 제 딸의 머리카락과 눈의 색깔이 제 것과 매우 흡사하게 보이는 것처럼 말이다. 하지만 바이러스는 스스로 많은 것을 할 수는 없다. 그들의 DNA나 RNA에 설정된 정보를 가지고 있지만 스스로 번식할 수 있는 기계가 부족하다. 바이러스는 살아남고 번식하기 위해 숙주 유기체에 의존한다. 동물과 식물의 세포를 감염시킨다. 만약 우리에게 그런 일이 일어날 때, 그것을 바이러스성 질병으로 경험한다.

우리 인류가 아이들에게 유전 정보를 전달하기 위해 사용하는 유전적인 지시와 마찬가지로 바이러스는 그들의 자손에게 전달하기 위하여 똑같은 분자를 사용한다. 그들의 유전자와 우리의 유전자에 있는 정보는 DNA나 RNA의 핵산 분자를 통하여 다음 세대로 옮겨진다. 핵산의 구조는 두 가지 필수적인 기능을 제공한다. 첫째 그들 자신의 정확한 복제품을 만드는 것 그리고 둘째 모든 유기체의 구성 요소인 단백질 조립을 지시하는 것이다.

핵산의 정확한 복제는 부모와 자식 사이의 유전 정보의 정확한 전달이 가장 필수적이다. DNA는 일련의 층에 의해 상호 연결된 두 개의 평행한 골격를 가진 사다리 같은 구조를 가지고 있다. 각 층은 아데닌(A, adenine), 구아닌(G, guanine), 시토신(C, cytosine) 및 티민(T, thymine) 등 네 가지 유형으로 이루어진 염기라고 불리는 한 쌍의 분자들로 구성되어 있다. 각 층에 있는 두 개의 염기는 항상 같은 방식으로 짝을 이룬다. A는 T, G는 C와 같다. 핵산의 정보는 사다리의 중추를 따라 염기 순서로 작성된다. RNA는 DNA 사다리의 절반으로만 존재하며 티민(T)을 유리딘(U)으로 대체한다. 염기, G-C와 A-T (또는 A-U)의 강제적 짝짓기는 DNA (또는 RNA)를 다음 세대 세포나 유기체로 정확하게 복제하도록 지시한다. 세포 분열 동안 DNA 사다리는 두 개의 반쪽 사다리의 세로 방향으로 갈라지고, 각 층이 하나의 밑부분 절반으로 나누어진다. 각각의 반인 DNA 가닥은 강제적으로 A-T 및 G-C 쌍에 의해 지시되는 새로운 반 쪽의 템플릿(template) 역할을 한다.

1953년 왓슨 제임스(James Watson)과 크릭 프랜시스(Francis Crick)이 처음으로 DNA의 구조를 네이처 저널에 발표한[58] 한 페이지 분량의 논문에서, "그것은 우리의 관심을 크게 벗어나지 못했다"라고 결론지었다. 즉 "우리가 가정한 특정한 짝짓기는 유전 물질에 대한 예상 가능한 복사 메커니즘을 암시한다"라고 밝혔다. 이 짧은 발언은 옳을 뿐만 아니라 생물학, 즉 분자생물학의 새로운 시대을 극적으로 예고했다.

세포나 바이러스의 DNA나 RNA는, 모든 유기체의 형태와 기능을 위한 구성 요소인 단백질의 조립을 지시한다. 바이러스 DNA를 따르는 염기서열은, 12개 미만의 다른 바이러스 단백질의 구성을 지시하는 코드이다. 비슷하게도 DNA에 있는 염기서열도 모든 단백질의 구성을 지시한다. 안젤라는 전지를 만드는데 바이러스를 사용하기 위해, 전지의 구성 요소를 조직할 수 있도록 실험실에서 양성 균주의 바이러스를 조작하기 시작했다.

바이러스는 매혹적이고, 공격적이며, 동시에 진화적으로 매우 성공적인 과정을 통해 복제된다. 대부분의 생물학적 과정을 위한 그들만의 기계 없이, 다른 유기체의 세포 내에 침입하여 그들의 복제 기계들을 기생시킨다. 바이러스의 외피에 있는 단백질은 숙주 세포의 표면에 있는 특정 단백질과 교묘하게 결합한다. 몇몇 바이러스들은 우리 인간 세포와 잘 결합한다. 독감 바이러스는 우리 호흡기를 따라 세포에 결합하는 반면, C형 간염 바이러스는 간세포에 결합한 것이다. 다른 바이러스들은 동물과 식물 세포에 쉽게 결합한다. 숙주 세포에 붙으면 바이러스는 DNA나 RNA를 주입하고, 숙주 세포 기계를 제어하여 숙주가 바이러스를 대량으로 번식하도록 지시한다. 이는 때로는 숙주 세포에 부담을 주어 자체 프로세스를 느리게 하거나 거의 정지 상태에 이르거나 사망에 이르게도 한다. 어느 경우든 바이러스가 다른 세포에 침입하면 그 안에서 번식하는 새로운 바이러스군을 대량으로 방출한다. 그 결과는 우리 건강을 빠르게 파괴할 수 있는 폭발적인 재생산 과정이다. 감기, 독감, 후천성면역결핍증(HIV-AIDS) 또는 간염으로 고통받는 사람이라면 누구나 잘 알고 있다.

바이러스가 우리 건강을 위협하고 골치 아프다는 사실은 기본적인 생물학을 통해 이미 엄청나게 많이 배웠다. 그들의 우아한 단순한 구조 실험 도구로 유용하였다. 과학자들은 생물학적 과정을 연구하기 위해 수십 년 동안 그것들을 실험하여 왔다. 허시 알프레드(Alfred Hershey)와 체이스 마르타(Martha Chase)는 1952년 DNA가 유전 정보를 전달한다는 것을 증명하는 데 바이러스를 사용한 것으로 유명하며,[59] 이것으로 인하여 그동안 단백질인지 DNA인지에 대한 오랜 논쟁이 해결되었다.

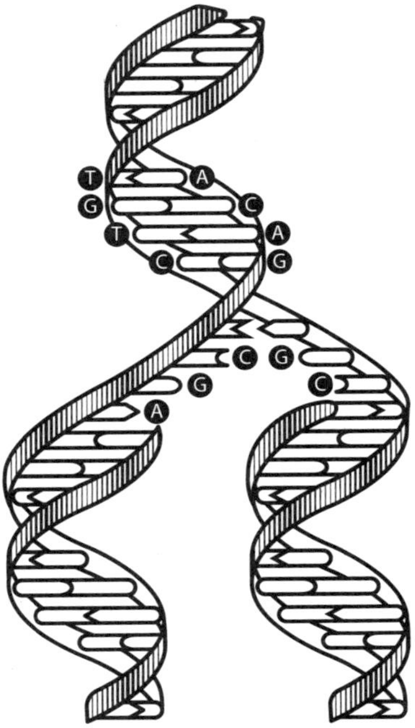

그림 2.3. DNA의 구조는 자기 복제 특징을 가지고 있고 그 꼭대기에는 두 가닥의 꼬불꼬불한 DNA 사다리가 있고 각 층은 한 쌍의 염기로 구성되어 있다. 베이스는 항상 동일한 방식으로 C는 G와, A는 T와 짝지어짐. DNA 복제 동안 염기들은 (그림의 중간에서) 분리된다. 현재 짝을 이루지 않은 염기 각각은 적절한 파트너(A는 T와, C는 G와)와 쌍으로 구성되어 각각 원래의 가닥과 동일한 두개의 새로운 가닥이 조립된다.

바이러스는 DNA와 RNA를 세포에서 세포로 이동시키는 최고의 도구 중 하나이다. 예를 들어, 새로운 암 면역 요법들은 환자의 면역세포 유전자에 암세포를 인식하고 죽일 수 있는 특정 단백질을 암호화하여 침투시키기 위해 바이러스를 사용한다. 그러면 외부로부터 지원받은 면역체계는 암세포를 파괴할 수 있는 체계를 갖추게 된다. 사실 바이러스는 DNA와 RNA를 매우 잘 움직이기 때문에, 연구자들은 실험실에서 표준 도구로서 인간에게 위험을 주지 않도록 특별히 고안된 변종 바이러스들을 현재 많이 사용하고 있다.

바이러스는 여러 가지 모양이다. 어떤 것들은 이십면체이고, 어떤 것들은 단순한 구체(sphere)이고, 어떤 것들은 한쪽 끝에 착륙 장치를 한 작은 로켓선(rocket ship)처럼 보인다. 이들 각각은 아주 오랜 진화 기간 동안 생존을 위해 구조를 최적화해 왔다. 물론 그 어떤 것도 전지를 만들기 위해 진화하지 않았지만, 안젤라는 특별한 바이러스의 구조, 즉 M13 세균 분해 바이러스(박테리오파지)가 전지 문제를 해결하는데 거의 이상적이라는 것을 발견했다. 그리고 M13을 전지 조립체로 이용한 마이크로 공장으로 바꾸기 위한 방법을 알아내었다. M13 기반의 전지 덕분에 더 작은 패키지에 더 많은 전력을 넣을 수 있고, 기존의 표준 전지 제조 공정보다 훨씬 낮은 온도와 무독성의 출력으로 전지를 만들 수 있게 되었다.

이 프로젝트를 성공하기 위해 안젤라는 먼저 두 가지 과제를 해결해야 했다. 우선 가능한 한 촘촘히 조립하기 위해, 금속 전지 재료를 어떻게 구성하는지를 알아내야 했다. 단순히 전지 물질들을 촘촘히 모으는 것만으로는 충분하지 않았다. 왜냐하면 전자와 금속 이온이 전지 물질들을 잘 통과하거나 주위를 잘 돌기 위한 보다 효율적인 방법을 찾아야만 했기 때문이다. 그래서 전자가 외부 공급원에서 전지 전극으로 잘 이동할 수 있도록 전도성 채널을 설계해야 했다. 금속 이온과 결합하고 전자를 위한 전도관을 제공할 수 있는 나노미터 크기의 입자가 필요했고, 결국 M13이 이러한 많은 특징들을 모두 제공할 수 있음을 알았다.

M13 바이러스는 매우 작고 매우 얇은 튜브처럼 생겼으며 양쪽 끝은 실처럼 생긴 다발로 장식되어 있다. 단일 M13 바이러스는 길이가 1,000나노미터보다 약간 짧고 폭이 10나노미터보다

약간 좁다. M13의 비율은 매우 긴 버전의 트위즐러 감초 캔디 스틱(Twizzler licorice candy stick, 역자 주: 한국식의 쫀드기 과자)과 닮았고, 6개의 트위즐러 스틱의 폭 모두는 1개의 트위즐러 스틱과 비슷하다. M13 튜브는 트위즐러의 표면과 약간 비슷하며, p8이라고 불리는 단백질 약 2,700개로 구성되어 있다. p8 단백질은 매우 규칙적이고 콤팩트하게 배열되어 있다. 안젤라는 M13의 놀라운 잠재력에 주목했다. 만약 2,700개 각각의 p8 코팅 단백질이 전지 구조를 고정시키는 중요한 결합 부위로 사용된다면, M13 기반 전극은 놀라운 속도로 충전 및 방전이 가능한 구조가 될 수 있다.

안젤라는 더 나은 전지를 만들기 위해 M13 바이러스를 변형시킬 수 있는 유전자 키트를 사용했다. 이는 이미 생물학자들이 잘 개발해 둔 것이었다. 처음에 면역 시스템의 분자 성분을 연구하기 위해 개발된 파지 디스플레이(phage display)라고 불리는 기술을 적용했다. 이는 전지 물질을 가장 촘촘히 함께 포장할 수 있고 M13의 변형을 식별하기 위해서이다. 그리고 나서 안젤라는 조금씩 다른 유전자 서열을 가진 10억 개의 뚜렷한 M13 변종을 만들기 위해 M13에 돌연변이를 일으키기 시작했다. 이러한 10억 개 중에서 적절한 성질을 가진 것을 찾을 수 있을 것이라고 가정하면서, 금(gold)이나 탄소 나노 튜브(CNTs)와 같이 바이러스가 일반적으로 결합하지 않는 흥미로운 물질의 결합 능력에 대해서 조사하기 시작했다. 여러 차례 M13 변형을 생산하고 그 중에서 유망한 상호작용을 가진 변형을 선택함으로써, 이러한 재료 표면에 단단히 결합하는 몇 가지 변형을 확인했다.

안젤라는 M13을 훨씬 더 잘 효과적으로 만들기 위해 한 걸음 더 나아갔다. 만약 2,700개의 타고 난 p8 코팅 단백질을 다른 일

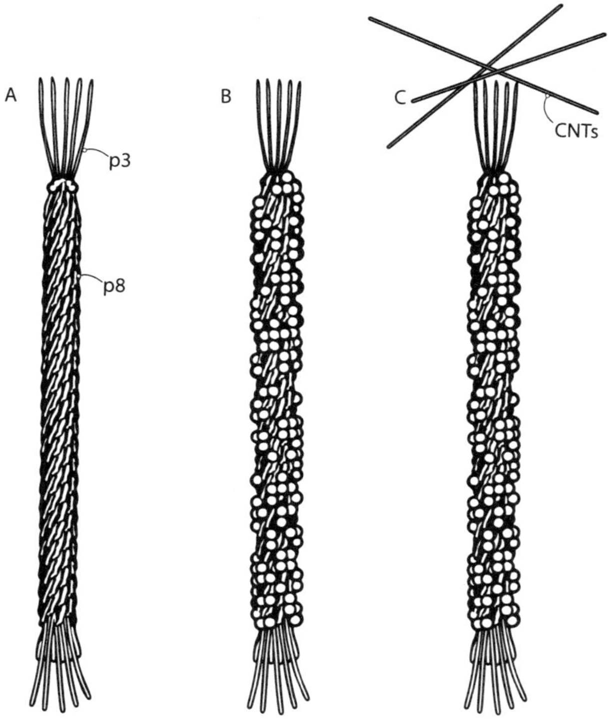

그림 2.4. M13 바이러스는 전지 물질에 결합하도록 변형될 수 있다. (A) M13 바이러스는 긴 원통형 모양으로 중심부가 2,700개의 p8 단백질로 구성되어 있고 한쪽 끝은 보통 숙주 세포에 부착을 매개하는 p3 단백질의 가닥을 운반한다. (B) 변형된 p8 단백질의 M13의 변형은 코발트 산화물과 같은 전지 물질에 결합할 수 있게 하고. 코발트 산화물 입자는 안이 비어있는 원통형 코어를 장식한다. (C) M13은 p3 단백질이 탄소나노튜브(CNTs)와 결합하도록 더욱 수정된다.

반적인 분자 부류와 결합하도록 재설계할 수 있다면 좀 더 다기능 도구를 갖게 될 것이라는 논리를 구체화했다. 이를 기반으로 p8 단백질에 일련의 음전하를 줄 수 있는 유전자 염기서열을 추가했다. 실험결과를 통해 모든 p8 단백질은 양전하를 띤 입자(예를 들어, 산화 코발트와 같은 전지 물질)를 붙잡을 수 있는 끈적끈적한 말단 끝을 갖게 되었다. 이 접근 방식을 상상해보라. 안젤라가 개조한 새로운 M13 바이러스는 2,700개의 끈적끈적한 끝을 가지고 있고 양전하를 띤 금속 입자들을 결합하기 위한 기능을 갖추고 있다.

안젤라는 거기서 멈추지 않았다. 전지 부품을 부착하기 위한 2,700개의 M13 분자를 얻은 것도 큰 진보였지만, 또한 전극을 통해 이동해야 하는 전자와 이온이 보다 빠르게 흐를 수 있도록 할 필요성이 있었다. 이 문제를 해결하기 위해, 또 다른 M13 단백질 중앙 튜브의 한쪽 끝에 있는 실 같은 가닥을 구성하는 p3 단백질에 관심을 가졌다. 자연계에서 M13 바이러스의 p3 단백질은 숙주인 대장균 박테리아 표면에 잘 결합한다. 만약 p3가 박테리아와 결합할 수 있다면, 그것을 전자와 전지를 통해 충전된 금속 이온의 도관 역할을 하는 물질에 결합하도록 변형이 가능하다고 추론했다. 그래서 가장 잘 알려진 이온 전도체 중 하나인 탄소나노튜브에 결합할 수 있는 p3 변형을 위해 파지 디스플레이를 사용했다.

이 모든 작업을 통해 결국 M13 바이러스로부터 매우 구체적으로 변형된 변종 라이브러리가 만들어 졌다. 각 변종은 전지를 만드는 데 유용한 재료와 결합했다. 일부 변형은 금과 같은 물질과의 특정 상호작용을 가능하게 하였고, 또 다른 변형은 이온 물질과의 상호작용을 하지 않게 하고, 코발트 산화물이나 철 인산염과 같은 전하 입자들과 상호작용을 잘할 수 있도록 설계했다. 일부는 전자 전달을 가속화하기 위해 탄소나노튜브(CNT)와 결합했고, 또 다른 것들은 M13의 슈퍼 변형을 만들기 위해 두 개의 유전자 시스템으로 설계되었다. 이 새로운 도구들을 손에 넣음으로써 바이러스 기반의 전지 전극을 비로소 생산하기 시작했다.[60]

나는 이 바이러스 공장을 내 눈으로 직접 보고 싶었다. 그래서 안젤라 연구실을 방문했다. 그는 전지에 열심히 연구 중인 대학원생인 랜실 앨런(Alan Ransil)을 나의 가이드로 지정했다. 랜실은 "열성적인 사람"이었다. 미래에 대한 그의 에너지 저장에 대한 흥분과 야망은 말로 다 표현할 수 없을 정도였다.

앨런이 안젤라 연구소의 문을 열었을 때, 모든 실험실 탁자는 첨단 기술 기계와 그것들을 사용할 도구와 재료들로 가득 차 있었다. 대학원생과 박사후 연구원들이 기계에서 기계로 각자 다른 복도와 방을 드나들며 걸어 다녔다. 안젤라의 연구는 전 세계의 젊은 연구원들과 십여 개의 다른 분야의 연구원들을 끌어들여 협력 연구를 진행하고 있었다. 그의 연구실에서는 한 사람이 통상적으로 6개월에서 몇 년 동안 머물면서 늘 20명에 가까운 연구원들 규모를 유지했다. 앨런은 스탠포드 대학교 학부 과정 동안 태양 전지를 위한 새로운 재료를 개발하는 데 초점을 맞췄지만, 지금은 시계나 자동차 계기판과 같은 새로운 모양으로 전지를 설계하는 전문가이다. 뉴질랜드 출신의 게란(Geran)씨는 재료 공학 분야에서 경력을 갖고 있으며 현재 황(sulfur) 기반의 대용량 전지 전극을 설계하는 일을 하고 있었다. 이스라엘 출신의 님로드(Nimrod)는 생물학에 경험이 있으며 현재 전지용 박테리오파지(bacteriophage)의 3D 프린팅 작업을 하고 있었다. 여기 연구실은 터키, 인도, 일본, 미국, 중국, 캐나다, 영국, 독일 및 한국 등지에서 응용 물리, 화학 공학, 생물학 및 재료 과학 학위를 받은 신생 에너지 전문가들로 구성된 국제 연합 연구 집단이었다. 그들이 특정한 프로젝트에 대해 목적 의식을 가지고 일을 하지만 오고 가는 복도에서의 간단한 대화에서도 어떤 가능성이 나올지 알 수 없다. 만약 당신이 천연가스를 휘발유로 바꾸는 바이러스를 조작할 수 있다면 어떨까? 암 수술을 더 효과적으로 만들기 위해 작은 종양 세포를 시각화하는 새로운 방법을 발명하는 것이 가능할까?

이러한 "미친" 아이디어의 대부분은 빠르게 폐기되기도 하지만 몇몇 아이디어들은 실험실 수준을 넘어서 발전하기도 했다. 안젤라 연구소에서 분리되어 나온 회사인 실루리아(Siluria)는 천연가스를 휘발유와 다른 액체 연료로 전환함으로써, 메탄과 가스를 운반하고 저장하는 더 저렴한 방법을 제공한다. 최근 이 연구소의 또 다른 프로젝트는 안젤라와 그의 동료들이 고안한 새로운 영상 기술이 난소암 수술을 더 효과적으로 알 수 있게 제공하고, 환자의 생존율을 향상시킬 수 있는지를 시험하기 위한 임상실험 단계를 발전시키고 있었다.

연구실을 둘러보면서 랜실은 바이러스성 전지를 만드는 단계를 보여주면서 이 방 저 방으로 안내했다. 안젤라의 바이러스 샘플 라이브러리를 보관하고 있는 냉동고가 가득한 방으로 들어서자, 그 중의 하나를 열었고 수십 개의 5인치 크기의 정사각형 상자가 드러났다. 냉동고에서 144개의 병에 담긴 병을 한 상자를 꺼내어 선반으로 올려놓은 다음 곧바로 냉동고 문을 닫았다. 재빨리 냉동실의 온도 변화를 최소화하기 위해 노력했다. 그 냉동실은 바이러스 라이브러리에 있는 샘플 변성을 막기 위해 섭씨 영하 80도로 유지되고 있었다.

랜실은 바이러스 감염을 위해 숙주 박테리아 군집을 미리 준비했다. 그가 냉동 바이러스 샘플을 조심스럽게 녹인 다음 바이러스가 박테리아를 감염시키는 것을 보여주었다. 우선 인체 온도

섭씨 37도의 흔들림 테이블 위에서, 소용돌이치는 작은 병에 박테리아를 배지로 옮겨 12시간 동안 감염된 세균의 배지의 양을 점차 늘여나갔다. 그리고 나서 그것을 처음에는 큰 통에 그리고 나중에는 훨씬 더 큰 통으로 점차 옮겼다.

그 후 현재 1,016개의 숙주 박테리아로부터 증폭된 바이러스를 분리시켰다. 실온에 있는 실험용 벤치에서 차가운 방으로 재료를 옮기고 가열된 접시에 있는 용액을 섞는 등 다양한 단계를 보여주었는데, 각 단계는 구성요소들을 정화하고 최적의 농도로 정확한 순간에 그것들을 합칠 수 있도록 세심하게 계산되어 진행되었다. 한 연구실에서 다음 연구실로 걸어가면서 복도 벽에 있는 도표에서 잠시 멈춰서 바이러스 기반 전지 제조 단계를 보여 주었다. 이 모든 과정은 랜실 동료들이 모든 레시피를 직접 썼다는 것을 증명하는 것이었다. 이와 동시에 이 제조법 지시대로 따르기도 하고 또한 한편으로는 끊임없이 그것들을 개선하기 위해 노력하는 것을 보여주었다.

혼합, 성장, 정화, 용해, 중량 및 건조 단계가 끝나고 전지를 조립할 때였다. 우리는 실험실로 들어갔고, 벤치가 있는 유리로 밀폐된 방으로 들어갔다. 그곳에는 검은 고무 팔과 손이 쭉 펴져져 있는 채로 우리를 맞이했다. 랜실은 이 고무 팔이 실제로는 장갑이며, 방을 가득 채우는 아르곤 가스의 강한 압력에 의해 부풀어 올랐다고 설명했다. 아르곤은 반응성이 없고 비교적 저렴하며 압력 챔버 환경을 주변 공기의 산소와 습도로부터 근본적으로 보호할 뿐만 아니라 전지 부품이 전지로 조립되기 전에 좋지 않은 영향을 차단하는 역할을 한다.

랜실은 아르곤으로 가득 찬 상자 안에서 일을 할 수 있도록 장갑 한 켤레에 손을 밀어 넣었다. 전지 구성요소 더미를 평평하고 둥근 모양의 전지 케이스에 핀셋을 사용하여 조립했다. 케이스의 한 면을 극도로 깨끗한 실험 종지 위에 놓고, 전지를 조립하기 시작했다. 첫 번째 층은 양극 역할을 하는 리튬 호일의 원반이었다. 그리고 나서 전해질 용액 몇 방울과 플라스틱 분리기와 전해질 몇 방울을 첨가했다. 호일 조각처럼 보이지만 사실 그것은 바이러스 기반의 전지 음극이었다.

전해질 몇 방울을 더 떨어뜨리고 전지 케이스를 닫고 주름지게 막은 다음 전지를 노출시켰다. 랜실의 전지는 시계의 전지를 교환할 때 다루었던 동전 모양의 전지처럼 보였다. 겉으로 보면 사실 그들은 같다. 안젤라 연구소에서 개발한 생물학 기반으로 한 새로운 전지 부품은 표준 전지 케이스에 넣으면 그대로 기존의 전자 제품에 전원을 공급할 수 있다.

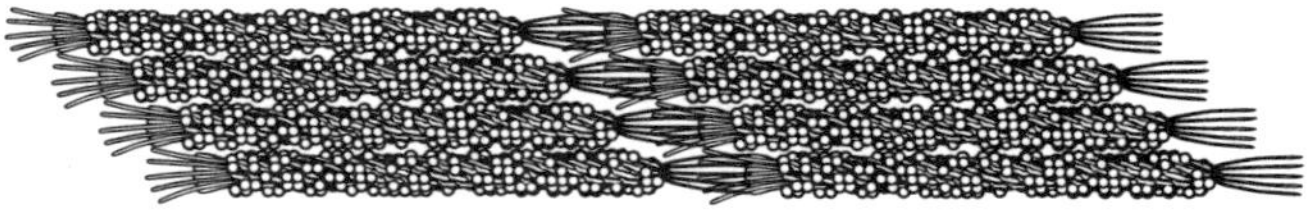

그림 2.5. M13의 구조는 전극 재료 시트로 자가 조립이 용이하다.

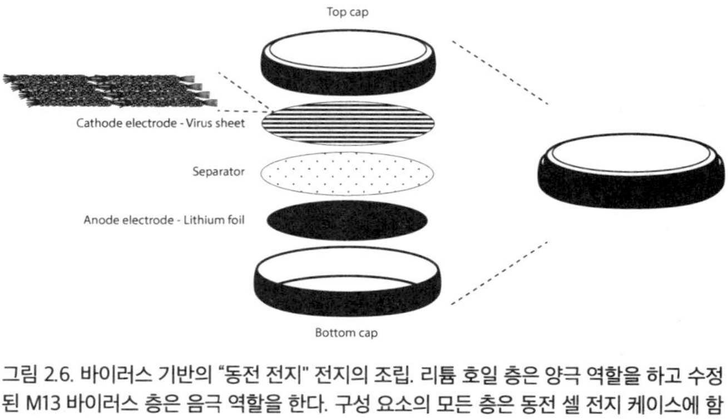

그림 2.6. 바이러스 기반의 "동전 전지" 전지의 조립. 리튬 호일 층은 양극 역할을 하고 수정된 M13 바이러스 층은 음극 역할을 한다. 구성 요소의 모든 층은 동전 셀 전지 케이스에 함께 밀봉된다.

나는 실험실에서 나오는 풍경, 냄새 및 기계 모두를 항상 사랑한다. 하지만 무엇보다도 불가능을 가능하게 하는 연구 노동의 강렬함과 공동의 정신을 사랑한다. 안젤라 연구소는 여러 면에서 나의 옛 신경생물학 연구실을 떠올리게 했다. 하지만 안젤라가 생물학과 함께 가져온 공학적인 면은 너무나 특이하고 예측할 수 없는 방법이기 때문에 이해하려고 할 때마다 오히려 내 마음을 어지럽게 했다.

어느 오후에 에너지의 미래에 대해 이야기할 때, 안젤라는 그의 그룹 멤버들과 정기적으로 여는 브레인 스토밍 회의장소로 같이 가자고 했다. "그것은 제가 정말 좋아하는 모임이에요"라고 말했다. "우리가 머리를 맞대고 고민하여 새로운 아이디어를 떠올릴 때 전율이 느껴진다." 그가 의미하는 바를 정확히 알게 되었다. 그것은 협동적 사고의 마법이다. 안젤라는 학제 간 사고의 천재적인 소질을 가졌으며, 안젤라에게는 그것을 육성하는 재능이 유별나게 남달랐다. 그리고 마침내 2004년에 "천재상"인 맥아더 펠로우쉽(MacArthur Fellowship)을 받았다.

안젤라는 전지에 필요한 모든 부품을 조립하기 위해 새로운 바이러스 도구와 기술을 꾸준히 사용해 왔다. 2006년 드디어 그는 바이러스가 있는 새로운 양극의 성공을 발표하였고,[61] 2009년에는 음극에도 같은 일을 성공했다.[62] 이후부터 바이러스가 전지의 에너지 저장 구성 요소를 모두 개선하는 데 사용될 수 있다는 세간의 관심을 끌었다. 2009년 가을 오바마 버락 대통령이 MIT 대학교를 방문해[63] 지속 가능한 에너지 미래를 만들겠다는 국가적 약속을 강조했을 때, 그에게 바이러스 기반의 전지를 포함한 몇 가지 유망한 새로운 에너지 기술을 보여주었다. 선구적인 생물학적 복제 과정을 위한 새로운 물질을 발견하려는 목표를 대통령에게 설명했다. "만약 분자 무게를 계산할 필요가 있다면 어려움 없이 곧장 사용할 수 있다"고 설명하면서 그에게 주머니 크기의 주기율표를 건네주었다. 그러자 곧바로 "고맙습니다, 주기적으로 보겠습니다."라고 대통령은 한 박자도 놓치지 않고 즉각적으로 대답했다.

오늘날의 전지 제조공정은 상당한 유독성 폐기물을 생성하는 에너지 집약 과정이다. 그러나 전복 껍데기처럼 안젤라의 바이러스 기반 전지는 친환경적이며 쉽게 제작된다. 이는 에너지 저장 문제를 해결하는 데 중요한 기여를 한 것으로, 안젤라는 자신과 동료들이 수행한 작업에 대해 높은 자부심을 느끼고 있었다. "이 생물학적 전지는 모두 상온에서 만들어졌고, 유기 용제를 사용하지 않으며, 환경에 독성 물질을 첨가하지 않는다"고 말했다. 1,000도에 가까운 온도를 필요로 하고 전지 제조 단계에서 kWh 당 약 150-200kg의 이산화탄소[64]를 배출하는 표준 전지 제조 프로세스[65]와 비교할 때, 안젤라의 제조 방식은 에너지 저장 문제에 대한 엄청난 발전을 의미하는 것이다.

하지만 안젤라는 거기서 멈추지 않았다. 그의 다음 질문은 최첨단 바이러스 기반 전지가 에너지를 운반하고 저장하는 것 이상을 할 수 있느냐? 하는 것이다. 축전지를 추가한다는 것이 단순히 자동차에 무게를 더하는 것이 아니라, 원래 있는 자동차 대시보드, 시트 커버 또는 도어 패널 형태의 축전지를 추가할 수 있을까? 라는 것이다. 그의 MIT 대학교 연구소에 기반을 둔 다른 신생 회사들의 성장 경로와 마찬가지로 결국 바이러스 기반 전지를 시장으로 옮기는 "킬러 앱"으로 판명될 것이다.

안젤라는 현재와는 근본적으로 다른 미래의 에너지에 자신감을 가지고 있다. 에너지 혁신의 최전선에 있는 많은 개척자들과 이러한 자신감을 공유하고 있다. 에너지 경제학이 항상 석유에 의존하는 것은 아니라는 것을 알고 있다. 세계 원유 생산량이 두 배 이상 증가했던 1962년부터 1986년까지 사우디아라비아의 석유 장관이었던 야마니 세이크(Sheikh Yamani)조차도 이 사실을 알고 있다. "석기 시대는 우리가 돌이 부족해서 끝나는 것이 아니며, 석유 시대는 우리가 기름이 부족해서 끝나는 것이 아니다."라고 말한 적이 있다. 물론 우리는 여전히 석유 시대에 살고 있다. 하지만 생물학 지식과 지성을 활용함으로써, 안젤라와 그의 동료들은 이러한 에너지 문제를 해결할 수 있다고 믿는다.

제
3
장

물, 물은 어디에서나

1980년대 후반 아그레 피터(Peter Agre)는 물에 대해 생각하는 방식을 완전히 바꿀 수 있다는 사실을 우연히 발견했다.[67] 그 때 볼티모어에 있는 존스 홉킨스 대학 의학 센터의 혈액학과에서 새로 임명된 의사이자 과학자로서, 피터는 무서운 확률로 태아 손상 가능성의 리저스 병을 일으킬 수 있는 단백질[68]을 연구하고 있었다. 적혈구는 세포막 표면에 을 운반하고, 태아 엄마의 적혈구에 있는 리저스 단백질이 성장 중인 아기의 리저스 단백질과 일치하지 않을 때, 엄마의 면역 체계는 아기의 적혈구에 있는 리저스 단백질을 무섭게 공격한다. 그 면역 공격은 성장하는 아기의 적혈구를 죽이고, 아기에게서 산소를 빼앗고, 심지어 죽음에 이르게 하는 심각한 문제를 일으킨다. 비록 최근 들어 리저스 병으로부터 아기를 보호하는 데 엄청난 의학적 진전이 있었지만, 그 당시에는 아무도 리저스 단백질을 확인하였거나 그것의 정상적인 기능을 이해하지 못하고 있었다.

피터는 이 문제를 해결하기로 결심했다. 그는 고전적인 전략을 따랐고[69] 적혈구 세포막에서 리저스 단백질을 충분히 정제하였으며 완벽하게 구별하였다. 다량의 적혈구를 시작으로 우선 세포막을 분리했다. 다음으로 그는 적혈구 세포막에 존재하는 다른 단백질로부터 리저스 단백질을 분리하기 위한 세심한 단계들을 진행했다. 그러나 마지막 정교한 정화 단계에 이르러 매우 실망스럽고, 경악스럽게도, 리저스 단백질과 함께 감지되지 않은 채 이동해 들어온 오염물질인 인터로퍼(interloper)를 발견했다. 그가 아무리 세심하게 정화 작업을 수행하여도 매번 실험을 할 때마다 그 오염물질이 재차 발견되곤 했다. 정말 화가 났다.

모든 실험실 과학자들은 "안되는 것이 있다"는 것을 안다. 모든 예방 조치를 취하고 모든 검사를 하고 교차 검사를 한다 하더라도 순수한 표본은 원하는 결과가 그대로 나오지 않기도 한다. 그렇게 되면 우선 과학자들은 그 결과를 믿지 않는다. 그렇다면 실험실 연구 절차에 어떤 문제가 있다고 의심한다. 과학자는 패배감을 느끼며 속이 늘 조마조마하게 된다. 하지만, 결국 과학자들은 설명이 가능한 기나긴 연구의 길을 따라 다시 내려가기 시작한다. 그것이 피터와 그의 동료들이 했던 일이다. 처음에 오염 단백질이 리저스 단백질의 일부분이기를 바랐다. 그러나 추가 분석을 했음에도 불구하고 실망스럽게도 오염물질이 리저스 단백질의 파편이 아니라 이전에 확인되지 않았던 다른 단백질이라는 것을 보여주었다. 피터는 그것이 무엇이고 무엇을 하는지 전혀 몰랐다. 그러나 그들을 상호 분리시킴으로써 결국 나중에 2003년 노벨 화학상[70]을 수상했고 세계 담수 공급을 정화하고 마침내 혁명적인 가능성까지 열게 되었다.

인간은 물 없이는 살 수 없다. 그것은 우리 몸의 50% 이상[71]을 차지하고 있다. 우리 몸은 필요한 물을 음료, 농업, 운송, 제조 그리고 그 이상의 즉각적인 공급 방식에 의존하고 있다. 물은 어디에나 있다. 약 3억 갤런[72]이 지구 표면의 약 70%를 덮고 있다. 하지만 거의 모든 것 즉 95% 이상이 짠 바닷물[73]인데, 이 물은 마실 수도 없고 농작물에 물을 줄 수도 없다. 그리고 물이 필요한 대부분의 작업에 늘 충분하게 사용할 수 없다.

인간은 살아남기 위해 담수가 필요하지만, 담수는 지구 전체 물의 5% 미만을 차지한다. 그리고 그 담수의 대부분은 얼음판, 흙 그리고 대기에 있다. 지구 담수의 약 1%만이 사용할 수 있으므로 우리가 알고 있는 모든 생명체를 부양하기에는 충분하지 않다. 오늘날 10억 명 이상의 사람들이 휴대용 물을 이용할 수 없고,[74] 개발도상국과 선진국 가리지 않고 우리 모두에게 가뭄이 찾아오고 있다. 더 많은 담수가 필요하다. 그것을 얻기 위해서는 주변에 매우 풍부하게 존재하는 소금물과 오염된 물을 깨끗이 만드는 것[75]이다.

물의 정화는 오랫동안 인간 생존에 매우 중요했다. 기원전 1,500년 전 고대 이집트 벽화들[76]은 여과로 정수하는 것을 보여주었고, 아리스토텔레스(Aristotle)는 증류에 의한 정수 장면을 묘사했다.[77] 비록 그 이후로 정수 분야에서 훨씬 더 나아졌지만 여전히 이 두 가지 기본적인 기술에만 주로 의존하고 있다. 그리고 4천년 동안 진행되어 왔던 증류와 여과를 통한 정수 작업[78]은 너무 느리고 너무 비싸며 에너지 효율이 낮기 때문에 현재 증가하는 수요를 충족시키지 못하고 있는 실정이다.

물을 정화시키기 위한 극적이면서도 새로운 접근법이 필요하다. 그리고 1992년에 아그레 피터의 발견[79]은 그 당시에는 깨닫지 못했지만 새로운 가능성을 보여주었다. 물 문제에 대한 해답은, 피터의 신비한 단백질 속에, 우리 몸 안에 있을 수 있다.

1988년에 피터는 적혈구 단백질의 새로운 식별 방식을 보고하는 논문을 발표했다.[80] 그 논문에서 그것의 역할이 여전히 "불확실하다"고 고백했는데, 이것은 어떤 과학자라도 할 수 있는 겸손한 발언이다. 피터는 이 미스터리 단백질이 무엇을 할 수 있을지 고민했지만, 1991년의 가족 캠핑 여행이 있을 때까지도 여전히 그 미스터리를 풀지 못하고 있었고 큰 진전이 없었다.

피터와 그의 가족은 야외를 좋아하여 종종 국립공원에서 캠핑을 하며 휴가를 보냈다. 그 해에도 그와 아내가 자녀들에게 어떤 국립공원을 방문하면 좋을까라고 물었을 때, 자녀들은 만장일치로 즉각 답하였다. 디즈니월드! 그래서 피터와 아내는 플로리다를 그 해의 목적지로 선택하였다. 모든 부모들과 마찬가지로, 아이들의 바람을 정확히 따르기보다는, 그들은 차에 짐을 싸서 우선 에버글레이즈 국립공원(Everglades National Park)으로 향했다. 하지만, 그들은 그 여행을 중단하고, 아이들의 목적지로 다시 가기로 했다. 디즈니월드에 들르고 젤리스톤 공원에서 캠핑을 한 후, 볼티모어로 돌아오는 길에, 피터의 오랜 친구이자 멘토인 파커 존(John Parker) 박사를 방문하기 위해 채플 힐에 있는 노스캐롤라이나 대학교에 들르기로 했다. 우연한 결정이었다.

임상 혈액학자이자 종양학자인 존[81]은 임상 훈련 기간 동안 피터를 지도했다. 종종 있는 일이었지만 존은 피터의 신뢰할 수 있는 멘토였으며 비공식적으로 계속 지원해 오고 있었다. 피터에게 적혈구 세포막을 연구하게 한 사람도 존이였다. 디즈니월드를 다녀온 후에도 피터의 마음은 실험실 퍼즐을 떨쳐버리지 못하고 있었고 혼란스러운 결과를 파커와 이야기 나누며 공유했다. 어떻게 이 미스터리 단백질이 정교하고 시간이 많이 걸리는 정화 공정을 통해서도 결코 눈에 보이지 않으면서 리저스 단백질을 따라왔는지, 그리고 어떻게 리저스 단백질이 없는 콩팥에서 더 풍부하게 발현되었는지 설명했다. 아무리 노력해도, 피터는 이 신비한 단백질이 무엇인지 알아낼 수 없었다고 존에게 이야기를 들려주었다. 그러자 존은 단숨에 그것의 정체를 알았다. 존은 신장 세포와 적혈구 둘 다 세포막을 통해 많은 양의 물을 운반한다는 사실을 인식한 것이다. 피터가 오랫동안 찾았지만 결코 이해하기 힘든, 물의 흐름을 발견했고, 피터의 미스터리 단백질이 오랫동안 과학자들을 피했던 질문에 대한 해답을 제공할 수도 있다는 결론을 내리게 되었다.

"물은 세포막을 어떻게 가로지르는가?" 과학자들은 오래 전부터 이 질문의 중요성을 인식하고 있었다. 우리 몸을 구성하는 약 35조 개의 세포[82] 각각은 수많은 물이 세포막의 통과를 관찰하고 조절한다. 어떤 연구원은 물을 위한 독특한 통로 단백질이 존재한다고 이론을 세웠다.[83] 하지만 엄청난 노력에도 불구하고, 물을 전달하는 단백질은 여전히 발견되지 않았다. 그러나 혈액학자들은 적혈구가 폐에서 모든 조직으로 산소를 운반하고 이산화탄소를 폐로 되돌리기 위해, 적절한 양의 내부 물을 유지해야하기 때문에, 세포 내부와 외부 사이에서 물의 균형을 어떻게 이루는지에 대해서 특별한 관심을 가지고 있었다. 물로 가득 찰 때만 적혈구는 중요한 탑재물(산소, 이산화탄소)을 운반할 수 있다. 그래서 만약 그런 단백질이 존재한다면 당연히 적혈구에서 물 채널 단백질을 풍부하게 찾을 수 있었을 것이다.

세포 생존을 위한 물 조절의 중요성을 인식하면서, 많은 과학자들은 세포 생존을 위한 물 조절을 확인하려고 시도하였고, 또 한편으로는 많은 과학자들은 물 통로를 확인하려고 시도했다. 물은 세포막의 양쪽에 있는 물에 녹아 있는 것의 농도에 의해 결정되는 삼투(osmosis)라고 불리는 과정에 의해 세포 안으로 수동적으로 흐르고 또한 세포 밖으로도 흐른다. 삼투는 필터 막의 양쪽에 있는 용액의 농도의 균형을 맞춘다. 간단히 말해서, 만약 물을 투과할 수 있는 필터가 한 쪽의 순수한 물과 다른 쪽의 짠 물을 분리한다면, 그 순수한 물은 소금 농도가 양쪽에서 균형을 이룰 때까지 필터를 통해 소금물을 희석시키기 위해 흐를 것이다.

하지만 어떻게 물이 세포막을 가로질러 이동했을까? 피터와 존이 1991년에 만났을 때[84] 대부분의 연구원들과 마찬가지로 물이 세포 안으로 또는 세포 밖으로 운반하기 위해 특별한 구멍이나 통로가 필요하지 않다고 생각했다. 그들은 물이 다른 필터를 가로질러 확산되는 것[85]과 같이 자연적으로 세포막을 가로질러 확산되는 방식을 받아들였다.

이러한 수용된 물 전달 모델에도 불구하고, 오히려 미스터리 단백질이 물 통로가 될 수 있다는 존의 비상식적인 생각이 피터에게 흥미를 끌게 했다. 하지만 그것이 계속 연구를 추구할 가치가 있는지 궁금했다. 대부분의 사람들이 존재하지 않는다고 믿었던 단백질을 연구함으로써 그 동안 잘 받아들여진 과학적 모델을 정말로 반증할 수 있을까?

그 노력은 아마도 헛수고(wild-goose chase)일 것이라는 것을 알고 있었다. 물의 통로 찾기에 그동안 헛수고했던 많은 연구자들이 이미 많이 있어 왔기 때문이다. 그리고 의심할 여지없이 피터의 리저스 단백질 연구를 다른 방향으로 돌리는 더 현명한 일은 그러한 생각을 버리는 것이었다. 하지만 그렇게 할 수 없었다. 대신 그는 다시 무모한 추적에 나서기로 결심했다.

수수께끼의 단백질을 붙잡기 위해 피터는 연구 방향을 바꾸어야만 했다. 이 불가사의한 단백질이 실제로 물의 통로라는 것을 증명하기 위해 그 단백질의 기능을 다른 종류의 세포에서 다시 실험하기로 결정하였는데, 그것은 세포막에서 물을 이동시키지 않는 다른 세포를 대상으로 한 실험이었다. 피터와 동료들은 미스터리 단백질에 사용될 수 있는 특정 DNA 가닥을 찾아냈고,[86] 그리고 그 단백질의 DNA를 RNA에 복사했다. 다른 세포에 주입된 RNA는 그 세포가 수수께끼의 단백질을 만들도록 지시할 것이다. 피터의 전략은 존이 제안한 것처럼 이 단백질이 물의 수로를 만들고 시험 세포의 막을 가로질러 물을 운반할 것인지를 알아내기 위해서였다. 그리고 이 미스터리 단백질을 만들기 위한 시험 세포를 얻는 것이었다.

피터는 존의 아이디어를 시험하기 위해 개구리 알을 사용했다. 왜 개구리 알일까? 왜냐하면 그는 개구리 알이 계속 통통하게 남아 있고 신선한 연못 물에 며칠 동안 잠겼을 때, 그 알들 안에는 자라나는 개구리를 키우는 데 필요한 모든 것이 가득 차 있다는 것을 알았기 때문이다. 내부에 매우 높은 농도의 염분과 단백질이 있음에도 불구하고, 개구리 알은 물이 스며들지 않는 것처럼 보였는데, 이것은 개구리 알의 부드러운 막에는 물을 안팎으로 운반하는 메커니즘이 없다는 것을 암시했다.

피터는 비교적 간단한 시험을 설계했다. 우선 알을 조작하기 위해 이 불가사의한 단백질의 RNA를 개구리 알 한 묶음에 주입했고,[87] 그 다음에 다른 알 묶음에는 물을 주입했다. RNA를 주입한 그 알들이 미스터리 단백질을 생산하도록 지시할 것이라고 추론했다. 소금에 절인 식염수에 며칠 가만히 두었더니 두개의 알 묶음이 똑같아 보였다. 그러나 그 다음에 또 다른 시험이 기다리고 있었다. 두 알을 모두 깨끗한 물에 넣었다. 대조군 알들은 평소의 개구리 알처럼 행동했다. 아무 일도 일어나지 않았다. 하지만 미스터리 단백질로 만든 알이 팝콘처럼 폭발했다.

차이점은 뭐였을까? 오직 하나의 결론을 도출할 수 있었다. 이 불가사의한 단백질의 RNA는 난자의 막에 물 채널 단백질을 만들었다. 알의 안쪽과 바깥쪽의 소금기가 균형을 이루었을 때, 두개의 알의 묶음이 똑같이 보였다. 하지만 알을 순수한 물에 넣었을 때, RNA가 주입된 개구리 알의 물 통로는 물이 세포 안으로 흐르게 하여 알이 터질 정도로 물을 가득 차게 했다.

증거! 우연성과 뛰어난 탐구 작업을 통해 피터는 찾기 힘든 물의 통로를 발견했다. 그것을 아쿠아포린(aquaporin)이라고 이름 지었다.[88] 현재 알고 있는 아쿠아포린의 전체 계열[89]을 발견했다. 아쿠아포린은 지구상의 거의 모든 유기체에서 발견된다. 동물과 식물, 박테리아와 곰팡이에서도 그렇다.

피터의 뛰어난 생물학적 물 통로 발견은 이제 과학자들뿐만 아니라 공학자들과 기업가들의 손에 맡겨져 있다. 그들 중 일부는 이제 대규모 물의 정화를 위해 대대적인 규모로 배치되고 있다. 물 통로가 세포에서 어떻게 작용하는지, 물을 정화시키기 위해 어떻게 용도 변경될 수 있는지 이해하기 위해서, 먼저 우리는 단백질이 무엇이고 어떻게 작용하는지 생각해 볼 필요가 있다.

나는 단백질을 아주 작은 기계로 표현하는 것을 좋아한다. 각각은 세포나 조직을 위해 매우 특정한 일을 하도록 설계되어 있다. 기계적 유사성은 이러한 일을 이해하는 데 도움을 줄 수 있다. 아쿠아포린은 특정 트랜스폰더(transponder)로 식별된 차량만 들어갈 수 있는 "주차장 게이트"와 같은 기능을 한다. 아쿠아포린 통로, 즉 게이트의 구조[90]는 물 원자 특성을 인식하고, 오직 그 특징을 가진 분자만이 세포 안팎을 통과할 수 있게 한다. 그것은 소금, 산 그리고 모든 다른 분자들의 통행을 막는다.

하지만 실제의 게이트와 달리, 단백질 기계의 구성 요소는 금속으로 만들어지거나 플라스틱으로 만들어지지 않는다. 단백질은 구슬의 끈으로 매우 정확한 순서로 함께 매달려 있다.[91]

이 단백질 줄에 있는 구슬들은 아미노산이라고 불리는 분자로 21가지의 다른 종류가 있다. 이 아미노산 끈들은 단백질 기계의 한 부분을 형성하는 고도의 질서정연한 구조로 감겨있다. 각각 단백질의 특정 구조와 기능은 두 가지 중요한 특징을 가진다. 먼저 각각 단백질 끈에 있는 아미노산 구슬들은 독특한 순서로 정렬된다. 21개의 아미노산만 있을 수 있지만, 만약 표준 단백질이 100개 이상의 아미노산을 포함할 수 있다면, 그들의 가능한 조합은 무수히 많다. 둘째로, 어떤 아미노산들은 서로 끌어당기는 반면 다른 아미노산들은 밀어내기 때문에 이러한 유인력과 반발력 때문에 각각의 아미노산 끈은 특정한 모양으로 감기게 된다. 단백질이 이 기능을 수행하도록 한다.

단백질은 다양한 기능을 한다. 어떤 단백질군은 세포막을 가로지르는 물질에 물 통로를 제공한다. 이 물 통로 또는 채널은 매우 선택적이며 오직 하나 또는 작은 분자 세트만을 세포 내부 또는 외부로 이동시킨다. 일부 채널은 특정 분자 화물이 세포 안으로(또는 세포 밖으로 한 방향으로만) 통과할 수 있도록 일방 통행문 역할을 하여 이를 통해 분자 화물만을 이동시킨다. 또 다른 것은 양방향으로 특정 화물을 운반하는 양방향 통행문이다. 어떤 물 통로는 나트륨과 염화 화물을 통과시킨다. 피터는 아쿠아포린을 발견했고 이는 물만을 통과시킨다.

일단 그 미스터리 단백질이 물 통로로 기능한다는 것을 알게 되었을 때, 피터는 아쿠아포린의 새로운 세계에 대한 연구에 착수했다. 아쿠아포린 단백질 끈에 있는 아미노산의 전체 염기서열을 결정하여 그 끈이 감겨지고 매우 좁은 목을 가진 모래시계(hourglass)를 닮은 구성으로 돌아가도록[92] 설계했다. 모래시계는 세포막의 두께에 걸쳐 있고 중앙개구부는 세포 내부와 외부

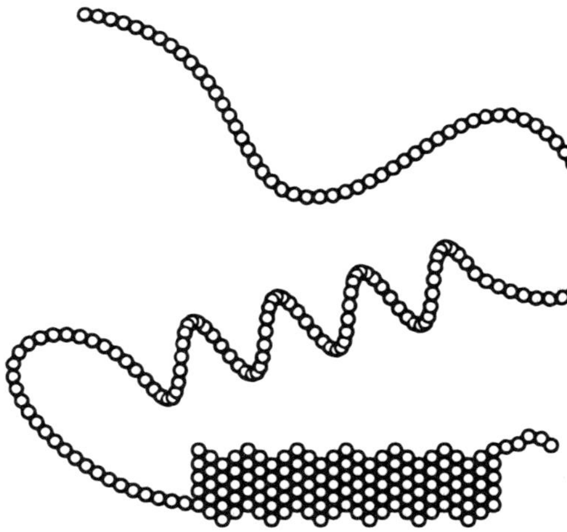

그림 3.1. 단백질은 아미노산 끈으로 구성되어 있는데 끈에 구슬이 박힌 것과 비슷하다. 아미노산의 순서는 DNA(또는 RNA)의 핵산 염기 순서에 따라 결정된다. 21개의 표준 아미노산의 화학적 특성은 단백질 끈에 있는 다른 아미노산과의 끌어당김과 밀어냄을 통해 단백질의 구조를 결정한다. 이러한 힘은 단백질의 한 부분을 나선형으로 감게 하거나, 단백질 줄의 시트 바닥으로 접게 하거나, 다른 형태를 취하게도 할 수 있다.

사이에 양방향으로 물을 나르는 선택적 통로 역할을 한다.

아미노산 끈의 권선은 특정 아미노산을 특정 위치에 정확하게 위치하도록 한다. 다른 아미노산들은 다른 특성을 가지고 있다. 어떤 아미노산은 양전하를 띠고 있고 어떤 아미노산은 음전하를 띠고 있다. 어떤 아미노산은 물을 밀어내고, 어떤 아미노산은 생물학적 막을 형성하는 지질과 같은 지방 물질을 밀어내고, 어떤 아미노산은 그것들을 끌어당긴다. 피터와 동료들은 아쿠아포린의 아미노산이 모래시계의 외부 표면을 형성하도록 배치하였고 지질 세포막과 상호작용을 하는 아미노산은 모래시계의 내부 표면을 끌어당긴다는 것을 보여주었다.

하지만 아쿠아포린이 다른 모든 것이 통과하지 못하게 하면서 물이 세포 안으로 들어가고 나가게 한 것은 무엇이었을까? 채널 입구를 따라가는 아미노산을 지도처럼 구체적으로 밝히고 나니, 채널의 기공을 따라가는 벽이 음전하와 양전하를 번갈아가며[93] 물 분자를 운반한다는 것을 발견했다.

물에 대한 아쿠아포린의 특이성의 비밀은 물 원자 구조에 있다. 물 분자는 전하의 비대칭 분포와 비대칭 구조를 가지고 있다.개별 물 분자는 수소 원자 두개와 산소 원자 한개로 구성되어 있다. 하나의 산소 원자는 한 쪽이 음전하를 띠는 반면 두 수소 원자는 다른 쪽이 양전하를 띠게 한다.

우리는 고등학교 과학 수업에서, 물 분자의 비대칭성으로 인하여 양의 전하와 음의 전하가 서로를 상호보완적으로 끌어당긴다는 것을 배운다. 이를 통해 얼음과 같은 고체 형태로 결정체를 형성하는 물의 성질에 대한 설명을 배운다. 물 분자의 비대칭성은 여기서도 작용한다. 아쿠아포린 기공의 내벽을 따라 번갈아 가며

음과 양의 전하가 물 분자들을 초당 30억 번에 이르는 놀라운 속도로 채널을 통해 이동시킨다.

피터가 최초의 아쿠아포린을 발견한 후, 연구원들은 곧 바로 매우 큰 크기의 아쿠아포린 계열의 다른 종류를 발견했다. 단순한 박테리아에서부터 식물과 동물에 이르기까지 거의 모든 유기체들이 그것들을 가지고 있다.[94] 아쿠아포린 계열의 어떤 것은 피터에게서 발견된 첫 번째 아쿠아포린과 같이 물만을 흐르게 하고, 어떤 것들은 글리세롤와 요소 같은 다른 분자도 흐르게 한다.[95]

피터는 발견을 다소 경시하는 경향이 있었다. "천재가개입된 것은 아니지만, 오랜 시간 동안 맹목적인 행운의 방법을 사용하여 이 문제를 해결하게 되어 매우 기쁩니다."라고 말했다. 그건 너무 겸손이었다. 행운도 작용했지만 천재의 결단력, 탐구심이 크게 집대성된 결실이었다.

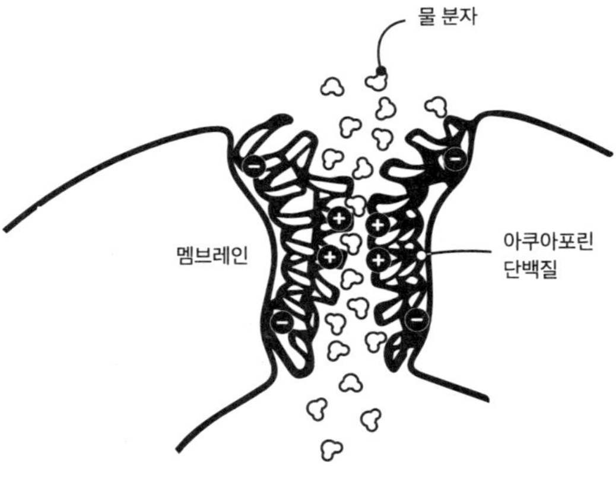

그림 3.2. 아쿠아포린 단백질은 세포막에 모래시계 모양의 통로를 형성한다. 이 통로들은 물이 세포막 층을 통과할 수 있게 해준다. 단면에서 볼 때 아쿠아포린의 아미노산은 물 통로의 중심 기공을 향하는 반면, 아쿠아포린 단백질의 막을 향하는 쪽은 멤브레인을 끌어들이는 아미노산으로 구성되어 있다. 음(-) 및 양(+) 전하의 분포는 아쿠아포린의 채널을 통해 물 분자에 전하를 띠게 한다.

피터의 발견 이후 연구원들은 아쿠아포린들을 콩팥의 수분 여과[96] 뿐만 아니라 식물의 뿌리와 그 뿌리들을 통한 물의 운반[97]과 같은 거의 모든 분야에서 연구하기 시작했다. 이러한 발전은 괄목할 만한 것이었다. 그러나 2000년에 당시 일리노이 대학에서 바이오물리학 박사과정을 밟고 있던 젠슨 오스터가드 모텐(Morten Ostergaard Jensen)이 아쿠아포린의 원자 구조에 대한 아그레 보고서를 읽었을 때, 아쿠아포린 이야기는 완전히 다른 국면을 맞이하게 되었다. 보고서를 읽으면서 옌센은 마음속에 빛이 떠오르는 것을 느꼈다. 만약 아쿠아포린을 사용하여 대량의 물을 정화할 수 있다면 어떨까? 단지 생물 내부의 세포만을 위해서가 아니고 말이다. 인류 모두가 원하는 깨끗한 물에 대한 문명의 수요 증대를 충족시키기 위해 물을 정화시키는 아쿠아포린 기반의 물 여과기를 만드는 것이 가능할까?

2005년에 그의 아이디어의 가능성을 실현하기 위해, 오스터가드 젠슨은 구조 생물학에 과학적인 배경을 가진 사업가 친구인 피터 홀메 옌센(Peter Holme Jensen)과 팀을 이루었다. 그들은 일종의 체를 만들기 위해, 두 사람은 아쿠아포린이 어떻게 작용하는지를 더 완전하게 이해한 후에 단백질을 여과 막 시트에 결합함으로써 아쿠아포린 기반의 물 필터를 만드는 것이 실제로 가능할지도 모른다는 큰 자신감을 갖게 되었다. 그들은 그 체가 물만 통과할 수 있을 것이라고 상상했다. 그들이 생물학적인 필터에 대해 더 많이 생각할수록, 물부족 문제 해결에 더 많은 잠재력을 가지고 있다고 느꼈다. 아쿠아포린의 물 분자 전달 특이성은 현재 제조된 필터보다 더 효율적일 수 있다. 나중에 홈 젠슨이 말했다. "왜 더 나은 것을 발명하기 위해 자연으로부터 천재성을 이용하지 않는가?"

드디어 2005년에 두 사람은 새로운 정수 기술을 개발하기 위해 아쿠아포린의 선택성을 활용한다는 목표를 두고 덴마크에 본사를 둔 정수 회사인 아쿠아포린 애프터 서비스(Aquaporin After Service)를 설립했다. 그들은 2050년에 95억 명 이상의 사람들이 살게 될 지구 행성[98]의 다가오는 물 수요를 충족시키기 위해서는 새로운 기술이 필요하다는 것을 잘 알고 있었다. 두 사람은 함께 새로운 정수 기술을 개발하기 위해 무엇을 할 수 있는지 알아보기 시작했다. 내가 홈 젠슨에게 과학적 발견에서 어떻게 하면 세계를 구하는 응용 기술로 놀라운 지적 도약을 했는지를 물었을 때, 그는 "그것은 명백했다."라고 대답했다. 그에게는 당연한 일이지만, 자신의 비전과 아이디어를 추구할 수 있도록 다른 사람들을 설득하고 모집하는 일은 쉽지 않다.

홈 젠슨은 2006년 그의 동료 니엘센 헬릭스 클라우스(Claus Helix-Nielsen)를 아쿠아포린 애프터 서비스의 최고 기술 책임자(CTO)로 고용하면서 돌파구를 마련했다. 당시 헬릭스 클라우스는 덴마크 공과대학교의 환경공학과와 슬로베니아 마리보르 대학교의 화학공학과의 교수였다. 그를 고용한 것이 촉매 역할을 하듯이 일이 빠르게 진행되었다. 아쿠아포린 기반 정수막이 세포 기반의 물 욕구를 단순히 충족시키는 것에서부터 시작하여 이제는 도시 기반의 물 욕구를 충족시키는 사업으로 확장하는 모험을 시작했다.

나는 아쿠아포린 애프터 서비스가 하는 사업에 대해 알기 위해, 그리고 헬릭스 클라우스를 방문하기 위해 덴마크로 날아갔다.[99] 그는 폭넓은 관심사를 가진 사람이었다. 아쿠아포린에 대해 논의하였을 때 그는 모든 종류의 또 다른 매력적인 영역으로 방향을 틀었다. 동물과 기계의 광학적인 한계, 모차르트와 하이든 사이의 서면 서신뿐만 아니라 동물과 기계의 물리적 한계와 같은 고찰들에 대하여 서로 끊임없이 이야기했다. 어렸을 때 그는 자신이 고고학자나 아마도 건축가가 될 것이라고 생각했다. 하지만 그 후 인간의 뇌가 어떻게 정보를 처리하고 저장하는지 몰두하게 되었다. 그래서 그의 연구를 바이오 물리학으로 옮겼다. 처음에 인간의 시각 체계를 연구할 수 있을 것이라고 생각했다. 하지만 뇌의 신경 세포와 복잡한 회로가, 우리가 인지하는 것처럼 어떻게 시각을 생산하는지 알아내려고 노력했다. 시스템 구성 요소의개별 활동이 시스템 전체의 복잡한 활동을 수행하기 위해 어떻게 조합되는지 등의 보다 일반적인 문제들에도 흥미를 갖게 되었다. 그는 곧 인간의 시력이 너무 복잡하다는 것을 깨달았다. 일반적인 문제의 진전을 원한다면 뭔가 간단한 것에 초점을 맞추어야 했다. 어떻게 어떤 물질이 특수한 단백질 통로를 통해 세포막을 가로질러 이동하는지? 그리고 이 단백질이 세포막과 어떻게 상호작용하는지? 마침내 그는 2005년에 아쿠아포린이 모든 오염물질로부터 물을 분리하는 기능이 용이하다는 사실에 매료되었다.

물론 아쿠아포린 기반의 정수 시스템이 실질적으로 작동하기 위해서는, 적어도 현재 사용되는 정수 시스템의 비용과 효율성에 상응하는 약속[100]을 가지고 있어야 할 것이다. 그러한 장치가 세계적인 규모의 순수한 물의 필요성을 해결하도록 설계되고 개발될 수 있을까? 아쿠아포린 빌딩에 도착하자마자, 헬릭스 클라우스는 나를 전시장으로 데려갔다. 그곳에는 그 회사의 제품인 다양한 크기의 흥미로운 플라스틱 실린더들이 전시되어 있었다. "아쿠아포린 인사이드"라는 로고가 붙은 실린더는 길이가 몇 인치에서 높이가 3피트가 넘는 정수기 부품이었다. 대부분은 아직 개발 중이었지만, 헬릭스 클라우스는 자랑스럽게 이미 길이 약 1피트, 지름 4인치의 제품이 중국 주택에서 이미 테스트하고 있다고 설명해 주었다.

헬릭스 클라우스, 홀메 옌슨 그리고 아쿠아포린 애프터 서비스의 동료들은 세포 수준에서 도시 수준으로 물 여과를 확장하는 과정에서 일련의 위압적인 도전에 직면했다. 적혈구는 자신의 필요에 따라 물을 여과할 수 있는 충분한 아쿠아포린을 만든다. 단세포의 크기를 고려할 때, 적혈구는 지름이 10마이크로미터도 안 되는데,[101] 끝에서 끝까지 늘어선 150개의 적혈구 두께는 한 푼(dime, 역자 주: 미국·캐나다의 10센트짜리 동전)도 안 된다.[102] 헬릭스 클라우스와 동료들이 어떤 종류의 상업용 필터라도 만들고 싶다면, 단지 가정용 필터를 만들기 위해서라도, 세포보다 훨씬 더 많은 아쿠아포린을 생산할 수 있는 방법을 찾아야만 했다. 동시에 생산하는 아쿠아포린은 안정적이어야 한다. 상업용 필터는 세포가 닳아 없어지는 아쿠아포린을 대체할 수 없기 때문이었다. 그리고 세포에서 발생하는 것보다 훨씬 더 많은 물의 흐름을 처리할 수 있는 필터를 만들기 위해 아쿠아포린은 세포막보다 훨씬 강한 막이어야 했다.

첫 번째 문제를 해결하고자 상업적인 용도에 적합한 대량의 단백질을 생산하는 생물 제약 산업에 기대를 걸었다. 20세기에는 아마 이것을 해결할 수 없었을 것이다. 아스피린, 아세트아미노펜(타이레놀), 아토르바스타틴(리피터) 그리고 오메프라졸(프릴로

섹) 같은 20세기의 블록버스터 약들[103]은 화학 실험실에서 나왔는데, 세포 과정에개입하거나 화학적으로 보충할 수 있는, 매우 높은 생산 속도가 가능한 제조방식을 고안해 왔다. 많은 최신 약품들은 생물학적 제품이지 결코 합성적으로 제조된 화학물질은 아니다. 즉 성장하는 세포에서 추출한 고품질의 단백질이다. 새로운 종류의 약물 발견자들은 생물학의 지식을 이용함으로써 살아있는 세포들이 자가 면역 질환을 위한 아달리무맙(후미라)과 에타너셉트(엔브렐)와 같은 단백질 기반 약물과 트라스투주맙(헤르셉틴), 리툭시맙(리투산), 베바시주맙(아바스틴)을 포함한 다수의 새로운 항암제를 생산하도록 생물학 메커니즘을 조작했다.

인간이 섭취할 수 있는 약품들을 충분히 생산하기 위해, 생물제약 산업은 미생물을 거대한 통에서 기르는 방법과 그것들로부터 특정한 단백질 약품들을 정제하는 방법을 알아냈다. 제니테크(Genentech), 젠지임(Genzyme), 암젠(Amgen) 그리고 바이오젠(Biogen)과 같은 회사들은 이 새로운 종류의 의약품 생산을 산업 규모로 안정적으로 늘리기 위한 다양한 방법을 개발했다. 헬릭스 클라우스는 아쿠아포린을 대량 생산하기 위해 이와 동일한 기술을 사용하는 것이 매우 타당할 것이라고 확신했다. 2006년에 분자 생물학 전문가 팀을 이루어 세포 "공장"을 찾아 다니며 다양한 미세 유기체들과 함께 일하기 시작했다. 그들이 선택한 공장은 박테리아 대장균(E.coli)이었다. 두 가지 이유로 선택했다. 첫째, 키우기 쉬운 유기체이고 그들은 생물의약품 산업이 인슐린이나 성장 호르몬과 같은 단백질 기반 약품[104]을 만들기 위한 생물 공장으로 이미 어떻게 그것을 배치할지를 알고 있었다. 둘째, 대장균은 자연적으로 스스로 아쿠아포린을 만들기 때문에 세포를 죽이지 않고 더 많이 만드는 것이 가능했다. 대체로 대장균은 상업적인 응용을 위한 아쿠아포린의 강력한 대량 생산자가 될 가능성이 있어 보였다.

그러나 헬릭스 클라우스와 연구팀은 추가적인 도전에 직면했다. 아쿠아포린과 현재의 생물 약품 사이에 결정적 차이가 존재했다. 오늘날 대부분의 생물 의약품 약물을 생산하는 세포들은 단백질 약물을 그들 주변에 액체로 분비함으로써 일을 시작한다. 이 분비된 단백질들은 세포를 씻는 액체와 함께 수집될 수 있고, 그 목욕액으로부터 정화되어 수집될 수 있다. 하지만 피터가 보여주었듯이, 아쿠아포린은 세포막에 자리잡고 있다. 아쿠아포린을 생성하는 세포들은 그것을 주변의 액체로 분비하지 않고 세포막에 주입한다. 그리고 세포로부터 아쿠아포린을 채취하기 위해, 아쿠아포린 애프터 서비스 팀은 먼저 막을 정화시키고 그 다음에 아쿠아포린을 추출하기 위한 막 파괴 기술을 개발해야 했다. 이 과정 동안에 많은 단백질은 생존할 수 없는 가혹한 환경을 통과해야만했다.

이미 아는 바와 같이, 이 단백질의 기능은 일련의 아미노산이 어떻게 특정한 3차원 모양으로 감겨지고 유지되느냐에 달려 있다. 이 감기는 과정은 아미노산들 사이의 끌어당김과 반발력을 결정한다. 만약 그러한 힘이 많은 요인들 중 하나에 의해 방해된다면, 단백질은 풀릴 수 있고 단백질의 기능을 방해할 수 있는 구조적 변화가 일어난다. 단백질의 기능 또한 단백질 끈이 끊어지면 방해될 수 있는데, 이때에는 그 단백질은 제 역할을 할 수 없다. 살아있는 세포에서 이것은 심각한 문제가 아니다. 왜냐하면 세포 기계가 결함이 있는 단백질을 고치거나 대체하기[105] 때문이다. 그러나 상업용 물 필터에서 단백질이 유용하게 사용되기 위해서는 수리나 교체 없이 오랫동안 구조를 유지해야 한다.

그러나 다행히도 아쿠아포린 구조는 뜻 밖에도 매우 안정적이다. 그래야 할 것 같다. 우리 몸의 대부분의 다른 세포들과 달리, 적혈구는 그들의 구성 요소를 수리하고 대체할 기계를 운반하지도 않으며 또한 역할을 나누는 기계 또한 적혈구 내부에 매우 부족하다. 결과적으로 적혈구 단백질은 신체의 혈관계를 통과하는 힘든 여정을 견뎌내기 위해 매우 안정적일 필요가 있다. 또한 그들은 약 4개월 동안 살 수 있을 만큼 안정적[106]이어야 하는데, 이것은 한 달 미만의 피부 세포[107]나 일주일 미만의 소화 기관에 있는 세포[108]에 비해 아주 긴 시간이다. 아쿠아포린 애프터서비스 팀에게 이것은 좋은 소식이었다. 아쿠아포린이 어느 정도 안정적이어야 하기 때문에, 아쿠아포린은 세포막으로부터 그것을 정화하는데 필요한 극한의 온도[109]와 화학적 조건[110]에서도 살아남을 수 있었다. 힘든 정화 과정을 거친 후에도 아쿠아포린은 물을 여과하는 힘을 잃지 않았다. 이것에 대해, 헬릭스 클라우스는 아쿠아포린 정수 필터를 만드는 그들의 모험을 묘사할 때, "우리는 축복받았다."라고 말했다.

지금까지는 좋았다. 생물 의약품 산업의 기술을 수정하여, 아쿠아포린 애프터 서비스 팀은 많은 양의 아쿠아포린을 제조하는 공정을 설계했다. 하지만 다음 도전이 다가왔다. 그것은 어떻게 고립된 아쿠아포린 단백질을 세포막에 다시 포착시키는가[111] 하는 것이다. 그러나 그 문제를 해결하는 것은 비교적 간단했다. 아쿠아포린의 구조를 물과 같기보다는 기름이나 버터 같은 분자로 이루어진 지질 환경을 찾도록 만든다. 세포막은 세포 내부와 외부의 물 환경을 분리되게 유지하는 지질 환경이다. 내부와 외부 환경은 용액에 다른 분자들을 포함하고 있다. 염화나트륨과 같은 무기 분자와 소금과 같은 분자들 그리고 물에 녹는 단백질과 같은 유기 분자들 등이 그것이다. 세포 내부와 외부의 각 환경은 용액에 있는 분자의 정확한 구성을 유지할 필요가 있고, 세포막은 이러한 기능을 수행한다. 하지만 필요에 따라 아쿠아포린과 또다른 채널의 단백질은 물이나 나트륨 또는 다른 분자들을 막의 한쪽에서 다른 쪽으로 옮길 것이다.

아쿠아포린 모래시계 배럴 벽은 단백질의 모든 부분과 마찬가지로 아미노산으로 구성되어 있다. 어떤 아미노산은 물에 녹고 어떤 아미노산은 지방에 녹고 물을 피한다. 아쿠아포린 배럴의 외부 표면은 지질 환경을 찾는 소수성 아미노산으로 구성되어 있다. 이 모든 것을 고려해 볼 때, 일단 헬릭스 클라우스 팀이 정제된 아쿠아포린을 준비한 다음에 아쿠아포린을 특수 중합체로 만든 지질 막과 섞기만 하면 된다. 그러면 아쿠아포린은 자연스럽게 삽입된다.

다음 단계는 매우 작고 아쿠아포린이 함유된 중합체를 기반으로 한 구체로부터 필터를 만드는 것이다. 전략은 구체를 열어 평평한 시트로 서로 연결할 수 있게 하는 것이지만 세포막은 당연히 다시 구체가 되고 싶어한다. 그것들을 평평하게 하고 평평하게 유지하는 것은 어렵고 비용이 많이 드는 과정이다. 2009년에 싱가포르 멤브레인 테크놀로지 센터(Singapore Membrane Technology Center)의 과학자들과 함께 그들이 평평해지는 과정을 완전히 생략할 수 있는지, 그리고 그가 말하는 것처럼 막 구체로 구성된 필터를 만들 수 있는지, 아니면 베시클 시트(vesicle sheet)라고 부르는 필터를 만들 수 있는지를 결정하기 위해 협력했다. 아쿠아포린 구멍이 있는 평평한 막 대신에, 아쿠아포린 구체가 그 안에 박혀 있는 얇은 층을 설계했다.

이것은 잠재적인 문제를 야기했다. 물 분자가 베시클 시트의 한 장을 통과하기 위해서는 한개의 아쿠아포린 통로가 아니라 두개의 아쿠아포린 통로를 만들어야 했다. 물은 구의 한쪽에 있는 아쿠아포린 통로를 통해 구 안으로 들어가야 하고 다른 쪽에 있는 다른 아쿠아포린 통로를 통해 빠져나가야 했다.

아쿠아포린 애프터 서비스 팀의 중요한 질문은 이 두개의 통로를 하나 대신 사용하는 것이 여과 과정 효율성을 감소시킬 수 있는가 하는 것이었다. 알고 보니 대답은 '아니오'였다. 2012년에 싱가포르 멤브레인 테크놀로지 센터와 동료들은 평평한 시트보다 더 싸고 튼튼한 베시클 시트[112]를 개발하는 데 성공하였고, 물 분자가 두개의 아쿠아포린 채널을 통과해야 하는 베시클 시트를 통한 물의 전달이 물의 흐름을 늦추지 않는다는 것을 증명했다. 평평한 시트에 비해 베시클(vesicle) 시트를 생산하는 것이 상대적으로 쉽다는 것은, 즉 다시 말해서 두개의 채널 통로를 만들어 물을 생산하는 효율이 훨씬 더 좋다는 것이다.

세포막이 서로 다른 물을 많은 영역에서 효과적으로 분리하는 한 세포막은 제 역할을 다하고 있다. 하지만 세포막은 구조적으로 무결성이지 않다. 그것은 단지 세포의 껍질을 형성하는 매우 얇은 지방층일 뿐이다. 그것은 기능적인 물 여과 막에 필요한 종류의 힘을 충분히 견딜 수 없다. 단일의 평평한 세포막[113]은 10나노미터도 채 되지 않으며, 심지어 그들이 제안하고 아름답게 디자인되고 제조된 베시클 시트 또한 약 200나노미터 두께는 여

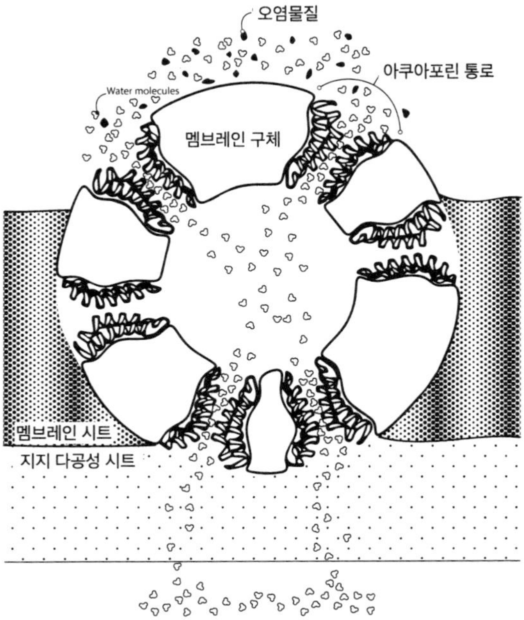

그림 3.3. 단면사진은 물이 아쿠아포린 필터의 한쪽에서 다른 쪽으로 이동하는 아쿠아포린의 베시클을 보여준다. 오염된 용액에서 나온 물은 한개의 아쿠아포린 채널을 통해 베시클 시트로 흐른 다음 두 번째 아쿠아포린 채널을 통해 베시클로 흘러나온다. 베시클은 시트에 들어가자마자 다공성 필터 시트에 의해 지지되고 더욱 강화가 된다. 그리고 물만이 베시클 안의 아쿠아포린 채널을 통과한 후, 그것은 지지 시트를 통과하여 바닥에 순수한 물 용액을 만들어 낸다.

전히 물 웅덩이 위의 기름띠보다 얇다. 즉 다시 말해서, 아쿠아포린 베시클 시트는 훨씬 더 강한 구조로 지지되어야만 했다.

이 문제를 해결하기 위해, 아쿠아포린 애프터 서비스 팀은 아쿠아포린 베시클 시트를 다공성 물질 위에 층층이 쌓는 방법[114]을 고안했다. 이 구조물은 마치 건포도가 박힌 얇은 프로스팅 층으로 덮인 스폰지 케이크에 비유된다. 케이크 층은 지지하는 다공성 물질에 해당하고, 프로스팅은 베시클 시트를 나타내며, 건포도는 구를 포함하는 내장형 아쿠아포린이다. 이것은 정교하게 설계된 구조이다. 그리고 마침내 아쿠아포린 애프터 서비스는 어떻게 산업적인 규모로 설치할 수 있는지 알아내었다.

아쿠아포린 기반의 정수라는 꿈은 세간의 이목을 끄는 실험에서 이미 입증되었다. 2015년에 덴마크 우주비행사들은 우주에서 마실 물을 여과하기 위해 아쿠아포린 애프터 서비스 세포막을 사용했는데,[115] 그곳에서 물 재사용 성공은 중요한 임무였다. 현재에는 아쿠아포텐이라고 불리는 중국 합작 회사와 제휴하여, 아쿠아포린 애프터 서비스는 수도꼭지에 연결된 정수 시스템을 곧 시장에 내놓기 위해 노력하고 있다. 홀메 옌센과 헬릭스 클라우스는 방문 중에 프로토타입을 나에게 보여주었고 그것이 어떻게 작동하는지 설명했다. 각각 길이가 약 1피트이고 지름이 수 인치이며, 세개 또는 네개의 필터 실린더 세트는 싱크대 아래의 작은 플라스틱 캐비닛에 놓일 것이다. 물이 싱크대 수도꼭지로 흘러 들어가면서 그것은 표준적인 수도꼭지 기반의 여과 장치의 일반적인 흐름 속도의 두 배 정도로 아쿠아포린 막을 통과하게 된다. 그리고 급수 수질에 따라 아쿠아포린 애프터 서비스 필터는 반기마다 교체되어야 한다.

싱크대 기반의 물 필터 외에도 물 사용을 최적화하기 위한 많은 방법들에 대해 생각해 왔다. 대부분의 사람들이 물을 필요로 할 때마다 동일한 품질의 물을 사용한다. 이는 미국에서 사람들이 음료수 잔, 깨끗한 옷과 접시, 물 정원, 수세식 화장실을 채우기 위해 같은 품질의 상수원을 사용한다는 것을 의미한다. 개발도상국의 많은 지역에서도 이와 비슷하게 하나의 오염된 물 원천을 먹고 마시고 빨래하고 관개하는데 사용한다. 홀메 옌센과 헬릭스 클라우스 그리고 아쿠아포린 애프터 서비스는 "목적에 맞는" 물의 사용을 보다 확장함으로써 이러한 물 부족 문제를 해결하고 싶어한다. 이 생각은 유행처럼 번져서 여러분야에서 적용되기 시작했다. 예를 들어 MIT 대학교의 한 빌딩은 이중 수도 시스템을 설치했다. 하나는 식수와 설거지를 위해 깨끗한 물을 제공하는 것이고, 다른 하나는 화장실과 관개를 위해 별도의 순환수를 제공하는 것이다.

가정용 물 필터가 성공한다면, 아쿠아포린 애프터 서비스는 21세기에 우리가 물을 사용하는 방법을 바꾸게 할 것이다. 그리고 이 새로운 기술을 계속적으로 사용하도록 추구할 계획이다. 헬릭스 클라우스는 오늘날 사용되는 지구 담수의 약 70%[116]가 농업에 투입된다는 점에 착안하였다. 그리고 잠재적으로 혁명적인 결과를 초래할 수 있는 아쿠아포린 기반의 삼투 정화 시스템 목표로 전 세계의 농업용수 사용과 물 낭비를 획기적으로 줄일 수 있을 것이라고 예상한다. 시스템에 사용할 매우 큰 필터 실린더의 원형을 보여주고 나서 시스템이 어떻게 작동하는지 설명했다. 고농축 거름은 아쿠아포린 필터의 한쪽을 따라 흐를 것이고, 또 다른 한쪽을 따라서는 오늘날 농가들이 그냥 씻어내도록 허락하는 유출수 종류들이 흐를 것이다. 비료 용액의 농도가 유출수보다 더 높기 때문에, 삼투압은 비료를 희석시키기 위해 더러운 유출수로부터 정제된 깨끗한 물을 끌어와 사실상 아쿠아포린 필터를 통해 유출수 쪽에서 물을 끌어들일 것이다. 이 과정은 첫째, 유출수의 부피를 줄이고 둘째, 비료를 희석하는 데 필요한 깨끗한 물의 양을 줄이는 이중적인 이점을 가지고 있다. 같은 종류의 시스템이 세탁 시설에서도 사용될 수 있다. 세탁에 사용된 후에 더러운 물은 다른 쪽에 고농축 세제가 있는 아쿠아포린이 장착된 필터의 한쪽을 따라 통과한다. 세제와 유출수 사이의 농도 불균형은 더러운 면으로부터 물을 끌어와 세제를 희석시킬 것이다. 유출수의 양이 줄어들고 희석된 세제는 이후 세탁에 사용되어 물의 재사용을 증가시킨다.

아그레 피터와 같은 과학자들의 빛나는 생물학적 발견과 옌센 홀메 피터와 헬릭스 클라우스와 같은 사람들의 공학적 혁신은 물을 정화시키는 방법과 물 시스템을 설계하는 방법을 변화시키고 있다는 증거이다. 현재 클로스 헬릭스 덕분에 자동차가 대량생산에 들어간 순간과 거의 유사한 혁명적인 순간을 맞이하고 있다. 한 세기 전 포드 자동차 회사가 그랬던 것처럼, 아쿠아포린 애프터 서비스 기술은 경제적이다. 이후에는 수백만 명 심지어 수십억 명의 사람들에게 물을 풍부하게 제공하기 위해 이 새로운 기술을 더욱 확장하는 것을 목표로 하고 있다. "저는 헨리 포드처럼 우리 회사를 생각합니다."라고 그는 말했다. "포드는 차를 발명하지 않았지만, 그는 규모를 키우기 위해 자동차 생산 라인을 만들었고 기술을 증명했고 대량생산을 가능하게 했다."

제 4 장

암과 싸우는 나노 입자

미국은 1971년에 앞으로 8년을 예상하면서 1억 달러 비용으로 암과의 전쟁을 시작했다.[117] 그동안 45년이 넘었고 1,000억 달러가 투자된 오늘날까지 일부 암을 진단하고 치료하는 데 성공했다고 주장할 수 있지만, 전쟁에서 이긴 것과는 여전히 거리가 꽤 멀다. 거의 매년 60만 명의 미국인들과 800만 명 이상의 세계인[118]이 여전히 암으로 사망한다.

암과의 전쟁은 생물학적 연구과정에서 새로운 통찰력을 필요로 한다. 1971년까지 분자생물학 혁명은 과학자들에게 질병을 이해하는 새로운 방법을 부여했다. 우리가 보았듯이 그 과학적 혁명을 통해 생물학의 부품 목록, 즉 DNA, RNA, 바이러스, 박테리아 및 복잡한 유기체의 세포들을 밝혀내었다. 생물의 구성 요소와 메커니즘이 놀랍도록 새로운 차원의 해상도로 낱낱이 드러났다. 그리고 이러한 새로운 통찰력은 백신, 약물 및 진단 테스트 등을 포함한 의학적 응용에 대한 새로운 접근의 장을 마련해 주었다. 다음 단계도 분명해 보인다. 분자생물학의 새로운 이해가 인류에게 가장 무서운 의학적 문제 중 하나인 암을 물리치는 게 가능할까?

돌이켜보면 지난 8년간 1억 달러의 투자 노력이 암과의 싸움에서 판도를 바꿀 수 있다는 확신은 잘못된 판단이었다. 이것은 질병 복잡성의 일부를 이해하는 데 불과했다. 예를 들어 1970년에 정상 세포를 암 세포로 획기적으로 전환시킬 수 있는 라우스 육종 바이러스(Rous Sarcoma Virus, RSV, 역자 주: 닭에 감염되는 바이러스)의 유전자를 확인했고,[119] 암의 메커니즘을 부분적으로 이해하는 방안의 일부를 제공했다. 라우스 바이러스가 닭을 감염시킬 때 닭의 세포는 종양 유전자라고 불리는 바이러스로부터 유전자 복사본이 혼합된다. 바이러스에서 유래된 종양유전자는 세포의 정상적인 과정을 방해하고 정상 세포를 암세포로 바꿀 수 있다. 일련의 후속 실험을 통해서 바이러스와 같은 외인성 원인으로 발생하는 암 유전자 외에도, 암은 또한 유전자 돌연변이에 의해 활성화될 수 있는 유전자의 내제적 원인으로부터 발생할 수도 있다[120]는 것을 보여주었다. 이 세포들은 보통 가만히 있지만, 방사선이나 흡연과 같은 DNA 파괴 사건, 세포 DNA에 외부 DNA를 통합하는 바이러스 감염 그리고 세포 분열 동안 DNA에서 발생하는 오류 등 여러 가지 요인에 의해 활성화되기도 한다.

정상적인 세포는 발달 기간 내에 조심스럽게 정해진 순서에 따라 분열하고 성숙한다. 그리고 그 세포들은 그들의 수, 기능 및 위치를 정교하게 조절한다. 예를 들어 피부 세포, 간세포 및 폐세포 등으로 성숙하게 발달하기 위해서 자체 프로그램을 따른다. 그렇게 함으로써 그들은 DNA에 돌연변이가 생긴 세포를 부분적으로 감지하고 스스로 파괴한다. 즉 세포 분열 속도와 성숙 경로를 조절한다.

암의 치명적인 특징 중 하나는 그들이 충분한 폐나 뇌의 세포를 만들었다는 것을 인식했을 때 분열을 멈추는 정상 세포와 달리, 암세포는 통제 없이 계속 활동한다는 것이다. 암세포는 정상적인 성숙 경로를 따르지 않는다. 그들의 위치에 대한 정상적인 제약도 따르지 않는다. 한 곳에서 시작된 암은 그 자손을 다른 곳으로 보내어 새로운 암 부위를 만들기 위해 전이하기 때문에, 치료가 상당히 어렵다. 그리고 아마도 가장 치명적인 것은 암세포가 DNA 돌연변이 세포를 죽이기 위해 자가 편집(self-edit)하지 않는다는 것이다. 대신에 우리 몸의 방어선을 피할 수 있는 새로운 세포 변이를 만들어내며 계속적으로 돌연변이를 가속화한다.

종양유전자를 식별하는 기술을 개발하고, 그 후 종양유전자를 표시할 수 있는 약물도 설계하였다. 그럼으로써 종양유전자의 발견은 암을 치료할 수 있는 가능성을 높였다. 이것은 강력하고 거의 기적적인 전략으로 입증되었다. 하지만 아쉽게도 이는 일부 암에 대해서만 적용된다. 예를 들어 2001년 미국 식품 의약국 승인을 받은 약물로 글리벡(Gleevec)으로 알려져 있는 이마티닙(imatinib)은 혈액암인 만성 골수성 백혈병(CML, chronic myelogenous leukemia)에 있는 암 유전자 단백질 생성물을 대상으로만 적용된다. 만성 골수성 백혈병 유전자 돌연변이는 비정상적인 세포 분열을 촉진하는 단백질을 계속 작동시킨다. 글리벡은 그 단백질의 작용을 차단하도록[121] 많은 환자들에게 허용해 되었고 글리벡은 만성 골수성 백혈병 진단을 받은 지 5년 만에 환자 생존율을 약 30%에서 80% 이상으로 높였다.[122]

그러나 수없이 많은 다른 암들은 여전히 치유 불가능하고 치명적이다. 암세포 DNA는 끊임없이 돌연변이를 일으켜 질병을 촉진하고 치료를 회피한다. 거의 상상할 수 없는 일련의 전술을 사용하는 새로운 종양유전자와 세포 메커니즘을 계속 생성한다. 암세포는 돌연변이를 교정하거나 이를 품고 있는 세포를 죽이는 자기조절 메커니즘이 부족하다. 이 때문에 분열하면서 돌연변이가 축적되어 부모 세포가 할 수 없는 조건에서도 살아남을 수 있는 변종 모세포를 지속적으로 만들어낸다. 예를 들어 특정 암 단백질을 대상으로 한 항암제가 원래의 암세포를 죽이고 유전적으로 동일한 자손을 모두 죽이고 난 후에도 여전히 약물 내성의 변종이 다시 살아남아 약물 내성을 지닌 채로 새로운 암세포 집단을 다시 전파하는 경우가 많다.

암과 싸우는 가장 효과적인 전략은 물론 예방하는 것이다. 1971년 이래로 일상에서 석면, 방사능 및 다양한 화학물질의 노출을 확인하고 줄임으로써 어느 정도의 진전을 상당히 이루었다. 하지만 이에도 불구하고, 여전히 담배를 피우고 햇볕을 쬐거나 바이러스 감염에 대한 백신을 거부함으로써 위험 발암물질에 노출되고 있다. 몇몇 추정치에 따르면 오늘날 모든 암의 3분의 1 이상이 예방 가능한[123] 경우들이다.

어떤 면에서는 예방 강화는 좋은 소식이다. 더 효과적인 금연 운동, 더 나은 태양 노출 보호 그리고 새로운 항바이러스 백신(drug-resistant disease) 등으로 암 발생률을 크게 줄일 수 있을 것이다. 그러나 비록 전 세계 어느 누구도 담배를 피우지 않고, 만약 해변을 찾는 사람들이 선크림을 바르고, 만약 모든 어린이들이 간염과 인유두종 바이러스에 대한 예방 접종을 받더라도 암은 여전히 매년 수백만 명의 생명을 위협할 것이다. 우리 인류는 여전히 많은 암의 원인을 알지 못하기 때문에 예방만으로는 가해지는 위협을 완전히 제거할 수 없다.

암과의 싸움에서 차선책은 조기 진단과 효과적인 치료이다. 이들 분야에서도 인상적인 발전들이 있었다. 최근 수십 년 동안 이전보다 더 이른 시기에 암을 발견할 수 있는 강력하고 새로운 영상 기술과 함께 혈액 검사법을 개발했다. 예를 들어 유방 조영술과 대장 내시경 검사[124]를 사용하면 오늘날 의사들은 1971년에 할 수 있는 것보다 훨씬 더 빨리 유방암과 대장암을 확인할 수 있다. 그리고 이러한 선별 검사는 후속 수술, 화학요법 및 방사선 치료 등과 함께 환자 생존율을 상당히 증가시켰다. 지난 40년간 유방암 환자들의 5년 생존율[125]이 75%에서 90% 이상으로, 대장암 환자들[126]의 경우 50% 미만에서 65% 이상으로 높아졌다.

이러한 기술적 발전은 뛰어난 연구자, 임상의 및 환자들이 거둔 주목할 만한 승리의 신호로 보인다. 그러나 대부분의 암은 여전히 조기에 발견되지 않는다. 비록 다양한 암들이 각각 다르게 행동하지만 현재의 표준 영상 기술[127]은 전형적으로 암 부위의 지름이 수 밀리미터 또는 심지어 센티미터로 커졌을 때까지, 세포 덩어리가 암인지 양성인지 확신하지 못한다. 그 결정을 내리기 위해서는 침습적인 생체 검사와 더 많은 검사가 필요하다. 이 모든 것은 돈이 들고 시간이 걸리며 그동안 암세포는 계속 자란다.

혈액 기반 탐지 테스트도 동일한 문제에 직면해 있다.[128] 이 검사들은 혈액에 암세포가 남긴 생물학적 흔적, 즉 "신호"을 찾는 것이다. 예를 들어 이 테스트는 전립선암과 난소암의 신호는 잘 포착한다. 그러나 영상 이미징 기술과 마찬가지로 혈액 검사 또한 암 진행이 비교적 늦었을 때의 신호만 감지할 수 있고, 암 혹은 정상의 신호를 항상 명확하게 구별할 수는 없는 단점이 있다. 다시 결정적인 진단을 위해 침습적인 절차(invasive procedures), 더 많은 돈, 더 많은 검사 그리고 더 많은 시간을 필요로 한다. 암과의 싸움에서는 시간이 가장 중요하다. 조기 발견이 생존과 죽음의 차이를 만들 수 있다.

현재 사용할 수 있는 영상 기술과 혈액 기반 검출 테스트는 10~20년 전보다 훨씬 더 민감해 졌지만 둘 다 비슷한 한계를 가지고 있다. 아주 작은 세포 덩어리에 불과할 때 초기의 암을 미리 발견하는 민감성이 여전히 부족하다. 발견할 수 있는 덩어리가 암인지 양성인지를 빨리 결정할 만큼 이들 기술의 민감도가 충분하지 않다. 그래서 종종 암 진단을 확인하기 위해 침습적인 절차를 추가적으로 필요로 한다. 그것은 또한 매우 비싸다. 이 요소들이 합쳐져서 결국 암과 가장 효과적으로 싸우는 능력이 심각하게 낮아졌고 그 결과로 매년 수백만 명의 사람들이 여전히 죽는다.

암과의 싸움을 한 단계 끌어올리기 위해서는 질병을 조기에 발견하는 더 정확하고 빠르고 안전하고 저렴한 방법이 필요하다. 의학 분야의 나노 입자 기술의 선구자가 된 바이오 공학자이자 내과의사인 바티아 상기타(Sangeeta Bhatia)에 의한 최근 발견은 매우 매혹적이다. 덕분에 아마도 곧 새로운 방법을 갖게 될 것이다. 상기타 박사는 암의 조기 발견이 가능한 소변 기반 테스트를 고안해냈다.[129] 즉 세포 덩어리가 오늘날 최고의 영상 기술로 발견할 수 있는 가장 작은 종양보다 무려 20배나 더 작을 때 말이다. 그는 이 테스트가 곧 모든 약국에서 구할 수 있으며 처방전 없이 살 수 있는 임신 테스트만큼 빠르고 믿을 수 있고 저렴해지기를 바라고 있다. 그 생각은 다소 억지스럽게 들릴지도 모른다. 하지만 그렇지 않다. 대학원생일 때도 상기타는 떠오르는 스타였다. MIT 대학교와 하버드 대학교에서 박사 과정과 의학 박사 과정을 마치기 전에 이미 1999년에 샌디에이고에 있는 캘리포니아 대학교에 첫 교수로 임명되었다. 그리고 의학과 공학을 합치는 그의 놀라운 방법에 대해 전해 듣자마자, 2005년에 그를 MIT 대학교로 다시 모셔오는데 드디어 성공했다. 이후 그는 선구적인 연구를 계속하였다. 2007년에 새로운 코흐 통합 암 연구소(Koch Institute for Integrative Cancer Research)가 시작되자 그는 암 생물학자들과 함께 일할 수 있는 공학 엔지니어들을 찾기 시작했다. MIT 대학교 교수가 되는 것은 아주 명백했다.

어느 날 오후에 그의 일에 대해 더 알기 위해 사무실에 들렀다. 만나자마자 그의 따뜻함과 고요함을 느꼈다. 하지만 대화를 나누다 보니, 그의 겸손하고 온화한 태도 뒤에 숨어있는 맹렬한 불타는 열정이 있었다. 생물학, 의학과 공학을 기발한 새로운 방식으로 대담하게 한 데 모아 놓은 것 같은 그의 작품(연구결과)의 속도와 범위 그리고 강렬함에 매우 놀라움을 감출 수 없었다.

10여년이 지난 지금도 여전히 놀랍다. 벨처 엔지와 이 책의 다른 선구자들처럼, 상기타는 여러 분야를 넘나들며 가볍게 움직인다. 그는 대학원 졸업 작품으로 인공 장기를 설계하기 위해 컴퓨터 칩 제조 도구를 개발했다.[131] 캘리포니아 대학교 샌디에이고(UC San Diego)에서는 생물 의학 문제를 해결하는 재주가 있는 나노 기술자[132]로 이름을 날렸다. 그리고 오늘날 MIT 대학교에서 그는 아찔할 정도로 다양한 능력을 겸비하여 일하고 있다. 다학제적 관심 덕분에 몇몇의 MIT 대학교 부서와 브리검 여성 병원(Brigham and Women's Hospital)의 교수에도 임용되었다.

상기타는 경력 내내 매우 작은 나노 기술에 집중해 왔다. 현재 마블 암 나노 의학 센터(Marble Center for Cancer Nanomedicine)의 소장으로서, 인간 질병을 이해하고 진단하고 치료할 수 있는 새로운 플랫폼을 디자인하고 있다. 과학뿐 아니라 환자 삶에서도 변화를 일으키겠다는 그의 헌신 덕택으로 그 훈련생들이 "의학과 소형화의 교차점에(at the intersection of medicine and miniaturization)" 각자의 역할을 차지하도록 여러 생명공학 회사들도 설립했다.

상기타의 초소형화는 매우 작은 규모의 물질 즉 나노 규모로 작업하는 것을 의미한다. 그가 작업하는 입자의 크기는 5나노미터에서 500나노미터에 이른다. 이게 얼마나 작은지 생각해봐라. 만약 10나노미터 입자로 작업한다면 이 문장의 끝에 있는 1밀리미터 마침표 점의 직경 안에 100,000개의 입자가 필요하다.

나노 입자는 단순히 매우 작은 물질 조각이다.[133] 그것들은 수십 개의 모양(구체, 막대, 피라미드 및 십이면체)으로 만들어지며 원소(실리콘, 철 및 금) 혹은 생물학적 물질(단백질, DNA 가닥)로 만들어질 수 있다. 나노 입자는 특정한 목적에 맞게 특정 크기와 구성을 가질 수 있다. 예를 들어 보통 크기의 산화철은 자기 공명 영상 장치 촬영에 매우 유용한 물질[134]이지만 물과 반응성과 공기 중의 습도에도 매우 민감하므로 생물학적·의학적으로 활용하기에는 매우 어렵다. 그러나 산화철 나노 입자는 설탕, 중합체, 지질 또는 금속 층으로 코팅함으로써 물과 반응하지 않도록 안정화할 수 있다. 코팅 재료를 잘 선택하면 나노 입자의 기능이 특정 용도에 맞게 바뀔 수 있다.

이상하게도 나노 단위의 물질은 매크로 단위의 동일한 물질과 완전히 다른 성질을 가진다. 예를 들어, 금 나노 입자는 금처럼 보이지 않는다.[135] 대신 그것들은 빨간 빛을 반사하기 때문에 붉게 보인다. 2천년 전에 로마의 장인들은 유리 제조 프로세스에서 자신도 모르게 금 나노 입자를 만들었고,[136] 그 나노 입자 덕분에 독특한 붉은 색조를 띠는 매우 가치 있는 유리 기구를 만들 수 있었다. 또한 단순히 나노 입자 크기만 바꾸는 것이 때때로 그 성질을 바꿀 수 있다. 예를 들어 카드뮴 셀레나이드(Cadmium Selenide)는 자연적으로 큰 검정색 결정이지만,[137] 나노 크기의 카드뮴 셀레나이드 입자는 화합물과 다르게 상호 작용하기 때문에 다른 색상으로 빛난다. 2나노미터 입자는 파란색으로 빛나고, 4나노미터 입자는 노란색으로 빛나며, 7나노미터 입자는 빨간색으로 빛난다. 이와 같은 나노 입자의 성질을 연구함으로써 과학자와 기술자는 나노 입자의 크기, 구성 및 구조를 놀라운 정밀도로 조절하는 방법을 사용하게 되었다. 그리고 나노 입자가 놀라울 정도로 일상적인 모든 용도에 사용될 수 있다는 사실을 알아내었다. 오늘날 박테리아를 죽이기 때문에 은 나노 입자를 치약에 넣는다.[138] 산화 티타늄과 산화 아연의 나노 입자가 눈부신 햇빛을 막아 주기 때문에 자외선 차단제에 넣었다.[139] 카본 블랙(carbon black)이라는 소재의 나노 크기 입자를 자동차 타이어 재료에 넣어 고무의 접지력과 내구성을 높인다.

최근 수십 년 동안 의학 연구원들은 역시 나노 입자를 효율적으로 사용하기 위해서는 몸속에 투입할 수 있다는 사실을 알아내었다. 상기타와 다른 사람들이 특히 관심을 갖는 것은 새로운 세대의 바이오 의약품 도구를 설계하는 방법에 관한 것이다.

이를 위해 수많은 방법으로 나노 입자 제조 및 코팅할 수 있다는 것이다. 상기타가 획기적인 암 진단 아이디어를 고안한 것은 바로 이 나노 입자들 덕분이다. 이 놀라운 이야기는 융합 기반 연구가 어떻게 강력한 신기술로 이어질 수 있는지에 대한 것이다.

이 장의 이야기는 2000년에 그와 연구 동료들이 나노 입자가 혈류를 통해 몸의 특정 조직으로 영상 물질로 운반하는 방법을 연구했을 때부터 시작된다. 의사들과 연구원들이 암 조직에서 질병의 진행과정에 대한 더 명확한 관점을 제공하는 방법에 관한 연구가 시발점이었다. 동시에 나노 입자가 특정 조직의 질병과 싸우는 약을 전달하기 위해 어떻게 사용될 수 있는지도 함께 연구하고 있었다. 예를 들어 간 질환이 의심되면, 특정한 영상 나노 입자를 간으로 보내 질병 진행 여부를 밝힐 수 있었다. 즉 간 질환의 징후가 나타나면, 또 다른 나노 입자를 필요한 장기 쪽으로 약을 보낼 수 있었다.

이러한 복잡하고 규율을 넘나드는 작업은 광범위한 전문지식을 필요로 한다. 상기타는 캘리포니아 대학교 샌디에이고에서 근무한 세일러 마이클(Michael Sailor)과 루오슬라티 에르키(Erkki Ruoslahti) 등 2명의 동료들과 15년 이상 협업하는 것을 즐기며 일을 했다. 화학자이자 재료과학자인 마이클[140]은 반도체에 사용되는 핵심 소재 중 하나인 다공성 실리콘과 자기 공명 영상 장치(Magnetic Resonance Imaging; MRI)로 볼 수 있는 소재인 나노 입자 산화철과 같은 신소재를 만드는 방법에 집중해 왔다. 현재 스탠포드-번햄 연구원(Stanford-Burnham Institute)과 산타바버라 캘리포니아 대학교에 일하고 있는 루오슬라티[141]는 오랫동안 특정 세포가 정확히 모여 다세포 조직으로 조립되는 세포 표면 접착 단백질을 연구해 왔다.

세 사람은 함께 마이클의 나노 입자에 루오슬라티의 끈적끈적한 접착 단백질 염기 서열을 부착하였다. 예를 들어 특정 조직 부위 종양의 혈관에 결합하는 연구를 시작했다. 단백질 서열은 혈류를 통해 나노 입자를 원하는 표적 조직 "주소"로 안내하는 "우편번호(zip code)" 역할을 할 것이다. 일단 그곳에 도착하면 이 접착 단백질은 나노 입자에 여전히 함께 붙어 있는 상태로 표적 조직과 결합할 것이다. 만약 그 나노 입자들이 자기 공명 영상 장치로 감지할 수 있는 성분을 가지고 있다면 표적 조직도 자기 공명 영상 장치로 볼 수 있을 것이다.

그것은 아주 매력적인 아이디어였다. 상기타는 산화철 나노 입자가 자기 공명 영상 장치에 특히 유용하다는 것을 알고 있었다. 그래서 그와 동료들은 마이클의 산화철 나노 입자에 루오슬라티의 단백질 우편번호 코드를 붙이려고 시도했다. 하지만 여기서 어려운 문제에 봉착했다. 나노 입자가 너무 작기 때문에 자기 공명 영상 장치에 보이려면 임계 밀도 이상의 나노 입자 클러스터를 만들어야 했지만,[142] 오히려 그 군집은 표적 조직으로 운반할 수 있는 작은 모세혈관을 통해 혈액 속을 이동하기에는 너무 큰 것으로 밝혀졌다.

상기타는 다른 전략이 필요하다는 것을 깨달았다. 자기 공명 영상 장치로 볼 수 있도록 충분한 양의 나노 입자를 운반하는 방법을 알아내야 했다. 나노 입자가 이동해야 하는 모세혈관을 막을 정도 크기의 큰 클러스터는 만들지 말아야 했다. 그것은 어려운 문제였지만 그는 생각에 생각을 거듭했다. 만약 표적 조직이 필요할 때만 모여드는 나노 입자를 설계할 수 있다면? 즉 만약 혈류를 통해개별적으로 이동하는 나노 입자를 만들 수 있다면? 그리고 그것들이 표적 조직에 도달했을 때만 오직 그때만 다시 응집할 수 있다면 어떨까? 상기타는 나노 입자에 표적 조직의 주소로 전달할 단백질의 "우편 번호"를 부여하는 대신에, 대상 조직 자체의 생물학적 특징을 이용하여 나노 입자가 대상 조직에만 모여들도록 하는 새로운 종류의 라벨을 상상했다.

연구팀은 즉시 일을 다시 시작했다. 먼저 두 세트의 나노 입자를 만들었다.[143] 각각의 세트는 서로 매우 적극적으로 결합하는 한 쌍의 단백질을 전형적으로 운반했다. 두 세트의 다른 단백질 라벨이 붙은 나노 입자들은 서로 노출되었을 때, 그들은 서로 맞물리고 큰 무리를 형성했다. 상기타 연구팀은 혈류를 따라 이동하는 동안에는 단백질이 서로 맞물리고 무리를 형성하는 것을 막기 위해 나노 입자에 결합 단백질을 숨기기 위해 "차폐(shield)"를 묶었다. 효과적인 차폐를 위해 불활성 물질(polyethylene glycol, PEG)를 사용했다. 그리고 단백질의 짧은 부분을 묶어서 나노 입자를 차폐했다.

불활성 물질 보호막은 현재 숨겨져 있는 군집 단백질을 가진 나노 입자들이 혈관에 맞물리거나 막히지 않으면서 혈류를 따라 이동이 가능하게 했다. 혈류를 따라 이동하는 어떤 것도 신체에서 이물질을 감지하고 제거하는 신체의 방어 메커니즘에 직면하게 되면, 즉시 불활성 물질 보호막은 나노 입자를 이러한 메커니즘 덕분에 쉽게 숨길 수 있었다.

연구팀은 이제 표적 조직을 찾기 위해 작은 모세 혈관 시스템을 통해 나노 입자를 보낼 준비가 되었다. 일련의 실험을 했고 새로운 디자인은 원하는 대로 수행되었다. 그들의 나노 입자는 운송 중에 클러스터를 형성하지 않았다. 대신 혈류를 통해 쉽게 이동하였고 몸의 방어에 의한 감지와 제거를 피했다.

다음 과제는 목표 조직에 도달했을 때 입자가 다시 뭉치게 하는 것이었다. 보호막을 씌운 상태에서는 나노 입자가 뭉치지 않아 상기타 연구팀은 목표 지점에서만 보호막을 제거하는 방법을 알아내야 했다. 이 도전과 씨름하면서 상기타는 획기적인 아이디어를 내어 놓았다. 만약 특정 조직 활동에서 보호막을 제거하는 일을 해결할 수 있다면? 그 아이디어를 추구하면서 그는 기발한 전략을 개발했다. 즉 나노 입자의 차폐막이 표적 조직에 있는 고유의 효소를 만나면 저절로 절단되는 단백질을 부착했다.

효소는 높은 선택성이 있기 때문에 다른 분자를 쉽게 절단하는 단백질이다. 그들은 수천 가지의 종류가 있으며[144] 각각 특정한 장소와 특정한 절단 표적을 가지고 있다. 효소는 각각 효소 기질이라고 불리는 특정 분자를 절단하는 분자 가위처럼 작동한다. 많은 효소들은 단백질 기질로 가지고 있고 표적 단백질을 특정 아미노산 서열에서 절단한다. 특정 아미노산 부위에서 단백질을 절단함으로써 효소는 매우 중요한 기능을 한다. 비활성 형태의 단백질을 활성 조각으로 또는 활성 단백질을 비활성 조각으로 바꿀 수 있다. 효소의 주목할 만한 특징 중 하나는 효소가 절단할 때 스스로 비활성화하지 않는다는 것이다. 단일 효소 분자는 항상 특정 절단 부위에서 많은 수의 특정 기질 분자를 절단하면서도 계속해서 작용할 수 있다. 그것은 일을 매우 빠르게 할 수 있다는 의미이다. 어떤 효소는 초당 많게는 1,000개, 많게는 10,000개의 기질 분자를 절단할 수 있다.[145]

효소 작용의 빠른 속도는 혈액 응고, 음식물의 변형 그리고

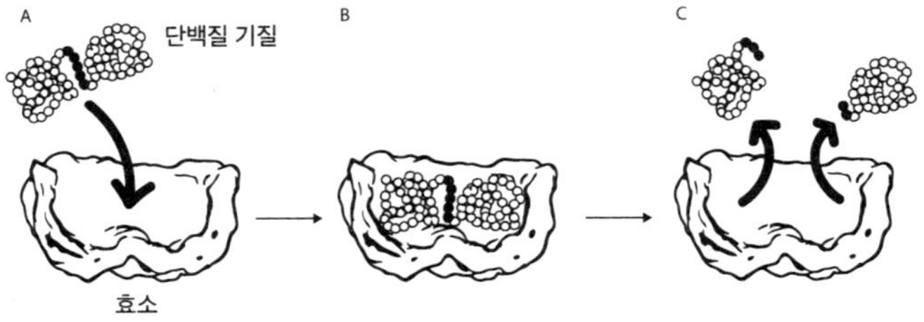

그림 4.1. 효소는 특정 부위에서 단백질을 절단함 (A) 효소가 단백질 표적에 결합함 (B) 효소는 효소 부위(검은 점)에서 단백질을 절단함 (다) 절단된 파편이 해제됨.

암 전이의 세포 이동과 같이 여러 가지 생물학적 과정을 정교하고 효율적으로 가능하게 한다. 상기타는 나노 입자를 뭉치게 하기 위해 효소 작용을 이용하는 방법을 고안했다. 우선 특이 효소를 식별하는 것으로 시작하여 효소로 단백질 조각을 절단하도록 설계했다. 그리고 나서 나노 입자가 조직에 도달하면 조직 효소가 그 단백질들을 인식하여 절단할 것이라고 추론하였다. 그 특정 단백질 조각을 사용하여 불활성 물질 보호막을 나노 입자에 묶었다. 그 절단 상처는 보호막을 풀어주고 그 동안 숨겨왔던 단백질들을 노출시킬 것이다. 일단 노출되면 서로 맞물릴 단백질은 서로를 찾아 나노 입자들이 뭉치게 될 것이다.

이 복잡한 나노 입자들을 조립하면서 상기타 연구팀은 그 요소부품들을 가까이서 따라갈 수 있어야만 했다. 이를 위해 나노 입자, 연동 단백질 및 차폐 모든 것들이 밧줄로 올바르게 연결되었는지 확인하기 위해 마커를 부착했다. 나노 입자를 불활성 물질 차폐에 묶는 단백질을 따라가기 위해 형광 태그(fluorescent tag)를 사용했다.

복잡했다! 대학원 지도교수가 별난 제안을 말하곤 했듯이 말이다. 아니면 다층적인 연구 전략. “실패할 운명의 실험적인 곡예

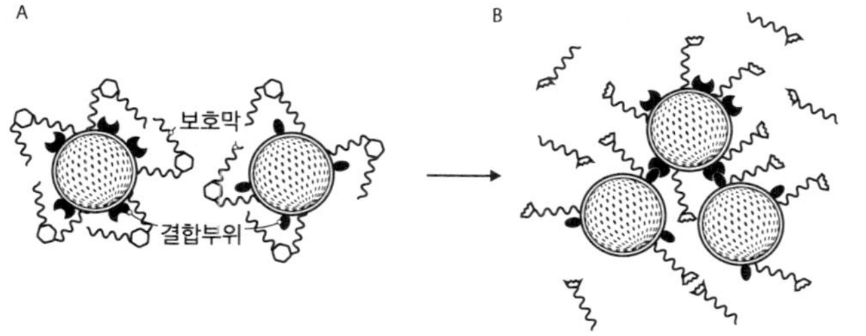

그림 4.2. 효소로 인한 나노 입자의 결합. (A) 두개의 다른 나노 입자는 서로 결합 부위를 가지고 있음. 연결 고리(binding sites)는 사이트 간의 상호 작용을 방지하기 위해 차폐됨. 각 보호막은 효소(육각형)의 절단 부위를 포함한다. (B) 결합 부위는 효소 부위(육각형의 분리된 절반)를 절단할 때 드러남. 효소가 절단을 한 후, 보호막이 떨어져 나가 결합 부위를 드러내어 나노 입자들이 서로 결합하고 클러스터를 형성할 수 있게 함.

(Experimental acrobatics, destined to fail)"였다. 하지만 상기타 손에서 곡예는 아름답게 작동했다. 2006년 그와 연구팀은 세포 배양에서 나노 입자의 효소 매개 클러스터화에 성공했다고 보고했고,[146] 2009년에 비장과 골수에서 나노 입자의 조직 특이 전달 과정 시각화를 입증했다.[147]

훌륭한 작품이었다. 상기타는 "합성 바이오마커(synthetic biomarkers)"라고 부르는 연동 단백질과 탈착 가능한 단백질 차폐막의 기발한 조합을 성공적으로 고안했다. 나노 입자가 표적 조직에 응집되도록 하는 실용적인 기술을 고안한 것이었다. 이것은 자기 공명 영상 장치를 이용하여 신체 내부를 관찰할 수 있다는 것을 의미한다. 자기 공명 영상 장치를 통해 해당 조직에서 질병 과정이 밝혀진다면, 나노 입자 전략을 동일하게 다시 적용하여 전문 약물도 특정 조직에 직접 보낼 수 있다. 여기서 나노 입자 군집은 고농도 약물을 전달 받아서 정확하고 집중적인 방식으로 문제를 해결할 수 있다.

예를 들어 상기타 기술은 종양을 찾거나 진행성 간질환으로 인한 간 손상을 감시해야 하는 의사들을 위해, 신체 장기의 질병을 진단하고 치료하는 모든 종류의 응용이 가능하게 했다. 처음에는 그들의 작업에 집중하지 않았지만 그 당시 명백하지 않았던 사실 하나를 재빨리 알아차렸다. 약간의 우연성과 함께 이 새로운 나노 입자 기술이 암과 다른 질병들을 민감하게 진단하는 보다 빠른 방법을 제공할 수 있다는 사실을 추가적으로 발견했다.

한 장소에서 암세포 덩어리를 발견한 의사들은 종종 그것을 제거하거나 죽이기 위해 수술을 하거나 아니면 암 표적에 빛을 조사하기도 한다. 그러나 일단 암이 전이되면 증식하는 암세포들은 흔히 발견과 치료가 어렵다. 암세포가 새로운 장소로 이동하여 거주하기 때문에 발견과 치료가 훨씬 더 어려워진다.

전이는 암의 가장 치명적인 특징 중 하나이다. 암세포가 새로운 장소로 퍼지기 위해서는 암세포 입장에서는 자연 조직과 분자 장벽[148]을 극복해야 한다. 신체 기관 세포들은 매우 정밀한 구조로 자급자족 구조이다. 암세포가 침범한다는 것은 정상 세포를 올바른 위치에 유지하는 신체 기관의 분자 구조를 극복했다는 것이다. 암세포가 침입하기 위해서는 조직 공간을 없앨 뿐만 아니라 단백질과 다른 분자들을 잘라내기위해 특별한 효소도 활성화 시킨다.

상기타 팀은 질병에 대한 반응을 관찰하기 위해 정상적인 장기뿐만 아니라 암 발생을 포함하여 질병 세포 자체를 따라가는, 새로운 조직 시각화 기술을 적응시킬 수 있을지도 모른다는 것을 깨달았다. 혈류를 통해 운반되는 나노 입자 군집을 막기 위해 사용한 차폐막은 암 효소가 절단하는 단백질 조각으로 묶여 있다. 그렇다면 그것은 그들이 암 세포와 마주쳤을 때만 사슬이 절단된다는 것을 의미하지 않을까? 만약 그렇다면 이전에 차폐된 단백질이 노출되어 서로 맞물리게 되어 부착된 나노 입자가 종양 부위에서 뭉치게 될 것이다. 그리고 이전 보다 훨씬 더 빨리 자기 공명 영상 장치로 암을 볼 수 있게 될 것이다.

상기타 팀은 그들의 이론을 증명하기 위해 실험을 시작했고 마침내 성공했다. 자기 공명 영상 장치로 종양을 시각화할 수 있었고 그것은 곧 승리였다. 그리고 추가적으로 약간의 행운과 뛰어난 과학적 통찰력 덕분에 그들의 연구를 잠재적으로 훨씬 더 중요한 방향으로 추진할 수 있는 발견도 했다.

이 발견은 실험 결과를 평가하던 중에 우연히 이루어졌다. 그렇게 되면서 한편 혼란스러운 세부 사항을 알게 되었다. 실험용 쥐의 종양 부위에서 바라던 특정 자기 공명 영상 장치 신호를 본 것 외에도 또한 쥐의 방광에서도 예상치 못한 형광 신호[149]를 감지하게 되었던 것이다.

방광 신호를 주목할 가치가 없는 실험용 부산물로 치부하는 것은 쉬웠을 것이다. 방광은 결국 소변을 축적하는데 소변은 신장이 일상적으로 혈액을 처리한다. 걸러낸 단백질 보호막과 사슬 요소를 자연스럽게 포함하고 있을 수 있는 폐수 기관이다. 그러나 다른 설명이 있을 수 있었다. 처음에는 예상치 못한 발견으로 상기타 학생들은 방광의 이상 신호가 곧 실험이 실패했음을 나타내는 것이라고 두려워했다. 하지만 그 결과를 상기타에게 가져갔을 때 그는 뭔가 특이하고 흥미로운 일이 일어나고 있다는 것을 즉각 알아차렸다. “나의 의학적 소견으로는 완전히 조립된 나노 입자가 소변으로 들어갈 수 있는 방법은 없다” “신장의 필터를 통과하기에는 너무 크다”라고 말했다.

상기타는 무슨 일이 일어나고 있는지 이해해야만 했다. 마침

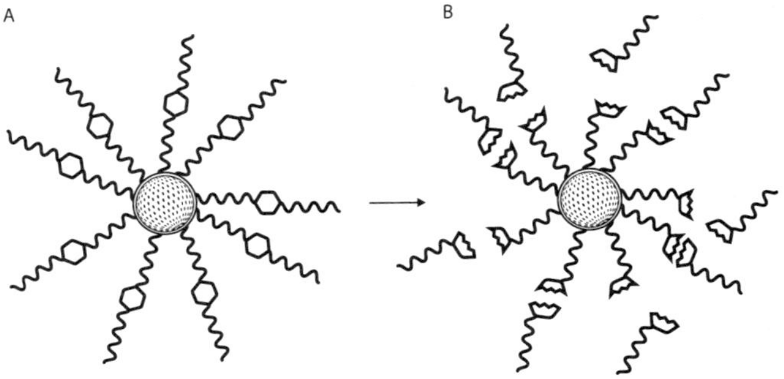

그림 4.3. 진단 나노입자. (A) 질병 특화 효소(육각형)의 절단 부위를 운반하는 단백질로 장식된 나노입자. (B) 질병과 그 효소가 단백질을 절단하고 단백질 조각을 방출하는데, 이 단백질 조각이 혈액을 통과해 신장 소변으로 걸러지고 작은 조각들이 소변에서 감지됨.

내 정교한 생물학적 추가 연구 작업을 통해 그것을 알아내었다. 방광에서 신호를 발생시키는 형광 태그는 온전하게 나노 입자에 부착되지 않았다. 대신 불활성 물질 보호막은 나노 입자에 부착한 단백질 사슬의 작은 조각으로 신장을 통과했다. 상기타 팀은 먼저 밧줄과 차폐막이 나노 입자에 부착되어 있는지 확인하기 위해, 밧줄과 차폐막이 복잡한 실험 단계를 따라갈 수 있도록 밧줄에 태그를 부착한 다음 혈류를 통해 종양으로 이동하는 동안 이들을 자세히 추적했다. 암 효소가 불활성 물질 차폐막이 잡고 있는 단백질 사슬을 절단했을 때 방출된 파편들은 콩팥의 필터를 통과해 소변으로 들어갈 수 있을 정도로 작은 크기라는 사실을 알았다.

상기타는 무슨 일이 일어나고 있는지 이해하자마자, 아주 이른 암 진단을 위한 매우 간단하고 신뢰할 수 있는 새로운 수단을 얻었다는 것을 알았다. 이는 잠재적이며 적용 가능한 새로운 생물학적 메커니즘을 발견했다는 뜻이다. 만약 그렇다면 이것은 획기적인 임상 연구의 새로운 발전이 될 것이다.

최초 발견 이후 몇 년 만에 진단 테스트는 더욱 간소화되어 이제 비침습적이다. 매우 저렴하고 처방전 없이 살 수 있는 임신 테스트와 매우 유사하지만 그 민감성은 정말 놀라웠다. 오늘날의 영상 및 혈액 기반 검사는 약 1센티미터 정도의 작은 종양만 감지할 수 있었다. 상기타 방법은 5밀리미터 보다 작은 종양을 발견할 수 있다.[151] 일부 종양은 5밀리미터에서 1센티미터로 자라는데 수년이 걸릴 수 있기 때문에[152] 이렇게 작은 크기 종양을 발견하고 치료하는 것은 의사에게 암과의 싸움에서 극적인 시작을 알리는 것이다.

이 놀라운 신기술의 임상 연구 개발을 가속화하기 위해 상기타는 글림스 바이오(Glympse Bio)라고 불리는 회사를 출범시켰다. 2020년까지는 시장에 소변 검사기가 출시될 것[153]으로 예상되고 있다. 회사 동료들은 암 뿐만 아니라 다른 많은 종류의 질병을 조기에 발견하게 할 수 있는 새로운 진단 기술을 개발할 계획이다. "환자들이 병의 마지막 단계에 죽지 않도록 하기 위해 너무나 많은 시간과 돈을 소모한다"라고 말했다. "그러나 많은 질병의 경우 조기에 발견한다면, 치료가 불가능해지기 전에 치료할 수 있다."

상기타의 업적이 분명히 말해주듯 나노 기술은 검출과 치료를 획기적으로개선하고 비용을 절감함으로써 의학을 혁신할 것이다. 상기타는 주변의 헌신적인 동료들과 많은 교류를 하고 있다. 시간이 지날수록 약물 탑재물을 천천히 방출하는 나노 입자[154]와 다양한 영상화 물질을 운반하는 나노 입자 등은 의료용 초음파 및 자기 공명 영상 장치의 효과를 더욱 강화한다.[155] 나노 공학과 생물학의 빠른 융합은 오늘날 상상조차 할 수 없는 새로운 기술을 가져다 줄 것이다. 나노 기술은 우리 인류 건강관리와 질병 퇴치를 위한 방법을 크게 변화시킬 것이다. 상기타는 이것에 대해 전혀 의심하지 않는다. "미래는 작다(The future is small)."고 말한다.

제 5 장

뇌를 증폭시키다

유잉 짐(Jim Ewing)은 케이맨 제도(Cayman Islands)에서 가족 휴가를 보낸 후 다른 사람으로 돌아왔다. 클라이밍 로프 회사의 엔지니어 짐은 10대 때부터 열렬한 암벽 등반가였다. 그가 바다가 내려다보이는 절벽을 오르고 있을 때[156] 밧줄 고장으로 50피트 아래로 추락했다. 이후 1년 동안 골반이 부러지고 손목이 탈골하고 폐에 멍이 든 것은 점차 회복됐다. 하지만 여러 차례의 수술과 물리치료에도 불구하고 충격으로 심하게 망가진 왼쪽 다리는 여전히 견딜 수 없는 고통을 주었고 일상생활 활동조차 제대로 못하게 했다. 고통 없이 양말조차 신을 수 없었고 이전의 활동적인 삶으로 돌아갈 수 있다는 희망까지 마침내 포기했다. 그리고 또 어려운 결정에 직면했다. 그의 타고난 다리를 이대로 유지해야 할까? 포기해야 할까? 절단 수술을 받고 인공 기구에 의존하는 새로운 삶을 시작해야 할까? 이러한 결정은 그를 두렵게 했다.

엔지니어로서 짐은 가능한 의학적인 해결책을 계속 찾았지만 그다지 큰 희망은 없었다. 그는 뉴잉글랜드에서 가장 도전적인 암벽 등반을 위해 의족을 착용했던 수십 년 전의 한 친구를 회상했다. 짐은 그에게 연락하기로 결심했다.

짐의 친구이자 현재 교수인 허 휴(Hugh Herr)는 MIT 대학교의 미디어 연구실에서 바이오메카트로닉스 그룹(Biomechatronics Group)을 맡고 있었다. 허는 짐의 미래에 대해 다른 견해를 제시했다. 그도 1982년 17세의 나이로 산악 사고로 양쪽 하퇴부를 잃었다.[157] 부상 후 다시 등반을 결심했지만 당시의 초보적인 보형물은 그의 야망을 불가능한 꿈으로 만들어 버렸다. 관절과 근육으로부터 어떤 보조적인 힘도 공급되지 않았고, 신경계와는 거의 소통되지 않았다. 똑바로 서고 움직일 수 있도록 안정성을 충분히 제공할 수 있었지만 산 기슭을 오를 만큼 민첩하지 못했다.

그러나 허는 꿈을 놓지 않았다. 대신 스스로 일을 처리했다. 학교에 있는 동안 다시 오를 수 있는 의족을 만들기 시작했고[158] 처음으로 공부도 다시 시작했다. 고등학교를 마치고 지역 대학에서 물리학을 공부했다. 허는 MIT 대학교와 하버드 대학교에서 기계 공학과 생물 물리학을 공부하였다. 나중에 대학원 과정에 들어갈 수 있을 정도로 성적이 우수했고 운동과 힘의 수학적 모델링 분야를 깊이 이해했다. MIT 대학교로 돌아와서 컴퓨터 기반의 새로운 보형물을 혁신적으로 설계하고 직접 제작하기 시작했다. 드디어 스스로 디자인한 의족을 사용하여 다시 열정적으로, 능숙하게 그리고 아무도 그의 다리가 생물학적 다리가 아니라고 상상할 수 없을 정도로 우아하게, 세계를 향해 걸어 나아갔다. 허는 절단이나 마비를 가진 사람들에게 완전히 움직일 수 있는 미래 기술의 빛과 희망이 되었다.

마침 적절한 때에 짐의 전화를 받았다. 그 당시 허는 새로운 수술 방법과 함께 환자가 로봇 보철물과 상호작용할 수 있도록 하는 새로운 종류의 장치를 설계하는 프로젝트를 진행하고 있었다. 짐은 그 당시 그의 선택들 사이에서 갈등하고 있었다.

허가 설계한 컴퓨터 역학 기반의 새로운 발목은 인간 발목 동작과 비교하여도 놀라운 정확도로 유사하게 작동했다. 모든 인간 행동과 마찬가지로 발목이나 손의 움직임은 복잡한 시스템의 산물이다. 그 시스템은 신경계와 근육을 사용하여 인간의 의도(역자 주: 예를 들어, 계단을 오르고자 하는 결정)를 높은 정확도와 최소한의 능동적 사고만으로도 매우 복잡한 작업을 수행하는 운동 프로그램으로 변환한다. 그 시스템의 구성 요소는 민감한 인식을 가지고 있는 반면 또 다른 구성 요소는 정상적인 인식 수준에서 자율적으로 작동한다.

예를 들어 매우 간단한 동작을 취하면, 즉 오른쪽 다리를 왼쪽 다리 위에 교차하여 앉으면, 매달린 오른쪽 발을 자율적으로 구부린다. 그리고 발을 펴려면 종아리 근육을 활성화한다. 이 단순해 보이는 작업을 수행하기 위해 모든 신경 및 근육 세부 사항을 세밀하게 관리하지 않는다. 발을 아래로 향하게 하기 위해 종아리 뒤쪽 근육이 수축하도록 지시할 필요가 없으며 그 동작에 저항하지 않도록 종아리 앞쪽 근육이 이완되도록 지시할 필요가 없다. 행동을 시작하는 의도는 의식하고 있지만 의도를 달성하는 여러 단계는 의식하지 못한다.

다리를 꼬는 일, 이 작은 실험을 하도록 실행하려면 먼저 발을 올리거나 내릴 수 있는 근육은 척수의 신경세포에서 발생하는 신호에 의해 적절하게 활성화된다. 근육을 직접 활성화시키는 신경세포[159]는 운동 신경 세포라 불리는데, 운동 신경 세포는 등뼈 중앙의 뇌에서 아래로 뻗어나가는 신경계의 긴 기둥인 척수에 자리잡고 있다. 운동 뉴런의 세포체는 세포핵과 세포의 활동을 지원하는 기구를 포함한다. 각각의 운동 뉴런은 엑손(axon)이라고 불리는 길고 얇은 가지를 가지고 있는데, 이것은 척수 밖으로 뻗어나와 있다. 수천 개의 운동 뉴런 엑손이 특정 근육에 도달하는 신경이다. 이것들이 뭉쳐서 근육 활동을 촉진하는 연결을 만든다.

운동 뉴런 외에도, 척수는 우리의 움직임을 조절하는 회로를 형성하기 위해 서로 상호작용하는 무수한 다른 뉴런들을 포함하고 있다. 근육과 관절 힘줄의 감각 신경 말단이 근육 활동에 대한 정보를 보내는 동안, 운동 신경은 근육의 수축을 촉진한다. 척수에서 근육으로, 그리고 근육에서 다시 척수로 가는 신호는 원하는 행동을 달성하기 위해 조심스럽게 균형을 잡는다. 발목을 움직일 때, 발을 아래로 향하게 하는 근육의 상호 활성화와 발을 위로 향하게 할 근육의 억제 등의 미세한 조율이 척수 안에서 이뤄진다. 이렇게 모두 협조된 반응은 발목 자체의 위치와 움직임에 따라 자연스럽게 일어난다.

팔다리를 잃으면 척수로부터의 연결이 끊어져서 더 이상 어떤 활동도 할 수 없다. 인공 발목은 당신 의도에 반응할 수 없게 된다. 그러나 허는 인공 발목에 컴퓨터가 정상적인 발목의 움직임을 모방하도록 프로그래밍했다. 이는 실제로 누군가가 보행을 변경하거나 보행 표면 불규칙성에 반응할 때 뇌와 척수가 서로 교환하는 피드백 프로그램을 재현하는 것과 같다. 경로 경사에 맞는 인공 발목을 디자인하기 위해 허는 발목과 다리 움직임을 추적하는 고급 감지 기술을 사용했다. 보행 생물학 분야를 연구[160]함으로써 생물학적 사지와 수동 의수 두 쪽 모두에서 사람이 걷는 데 사용하는 에너지를 측정하였고,[161] 둘 사이의 극적인 차이를 밝혔다. 즉 정상 발목이 걷기의 "밀어내기" 단계에서 얼마나 많은 힘이 가해지는지 측정했다. 이 단계는 뒤따르는 발이 포장도로를 떠나 앞으로 흔들릴 때이다. 단단한 의족, 발목 및 발은 안정성을 제공할 수 있지만 추가적인 추진력을 제공하지 않는다. 그래서 이를 사용하는 환자는 다음 각 단계에서 제자리로 고정시키기 위해 엄청난 노력해야 했다.

허는 이러한 생물학적 요소들을 컴퓨터화된 발목 모양으로 모델링했다. 이는 "임파워(EmPower)"라고 불리는 최신 버전 제품이다. 임파워와 함께 걷을 때 생물학적 발목으로 걷는 것보다 더 큰 에너지를 필요로 하지 않는다. 이것은 전쟁 부상 이후 생활로 복귀한 퇴역 군인들은 말할 것도 없고 허와 같은 사람들에게 놀라운 혁신적인 발전을 의미한다. 그러나 임파워 발목이 걷기에는 충분하지만 여전히 사용자 리듬에 따라 발을 가볍게 두드릴 수는 없었다. 이와 같이 어려운 문제는 바이오 메카트로닉스 연구소에서 현재 연구하고 있는 많은 문제들 중 하나이다. 더 알고 싶은 마음이 간절했다.

그 연구실은 2층에 있었고 장비와 예비 부품으로 가득 차 있었다. 내가 도착했을 때 기기와 도구들로 가득 찬 실험실 벤치들, 다양한 디자인의 의족들 그리고 걷거나 뛰는 동안 각 관절의 속도, 노력 및 각도 위치를 정밀 측정하는 컴퓨터 프로그램이 장착된 트레드밀(treadmills) 등이 즐비하게 구비되어 있었고 나는 그 옆을 지나 걸어 들어갔다. 작업실 한쪽 구석에 있는 나선형 계단을 올라가서 사무실 위층으로 들어갔다. 이러한 구조는 연구실 용량을 극대화하기 위한 건축 고려 사항이었다. 허의 작은 사무실에는 탁자, 의자 그리고 벽에 기대어 있는 의족 몇 개만 있었다.

허는 실험실에서 삶 전체를 헌신한 것 같았다. 미래의 여러 가지 보조 장치들을 위해 발명하고 또 디자인하였다. 장치가 붙어 있는 팔다리, 컴퓨터 연결된 디자인 소켓, 자연스러운 팔다리를 모방한 움직임의 보형물, 의도로 의족을 움직일 수 있도록 근육의 신호를 감지하는 장치 그리고 뇌-컴퓨터 인터페이스 등이 그것들이다. 이 기술은 신경계를 보형물에 연결하여 착용자가 팔다리를 움직이고 움직임을 느낄 수 있게 해 줄 것이다. 허는 모든 기능을 회복할 수 있는 신경계에 의해 구동되는 인공 의수와 다리를 디자인하는 것을 최종목표로 연구 중이었다.

허가 디자인한 발목은 보철 기술의 성공적인 기념비와 같았다. 새로운 팔다리로 다리 하나를 잃은 사람들은 이제 그들이 부상당하기 전에 좋아했던 일들을 다시 할 수 있게 되었다. 예를 들어 거리를 거닐거나 험한 길을 오르는 것 등이 가능하게 되었다. 기존의 수동 발목 보형물과 달리, 임파워의 새로운 발목이 생물학적 발목과 동일한 작업을 수행한다는 것이다. 이 기술은 다리를 잃은 모든 사람들에게 혁신적 발전을 제공할 것이다. 그러나 이러한 신기술은 연구소에서 꺼내 시장에 출시하기 전까지는 혁신적 잠재력을 보여주지 못할 것이다. 따라서 보다 가볍고 적응력이 뛰어나며 비용이 적게 들고 유지 관리가 더욱 쉬워져야 한다. 따라서 혁신이 시장에 어떻게 들어오는지 이해하기 위해 보형물에 대한 선구적인 사업을 진행하고 있는 기업들 중 한 곳인 아이슬란드에 본사를 둔 오수르(Ossur)를 방문했다.[162]

10월 말에 아이슬란드의 수도인 레이캬비크(Reykjavik)로 날아가 시내 중심가에 있는 호텔에 체크인했다. 다음날 아침 9시에 호텔을 떠나 오수르 사무실로 향했다. 그날은 이곳이 북극권에 얼마나 가까이 있었는지 상기시키기에 충분했다. 즉 30분 후쯤에 오수르 빌딩에 들어서자 마침 해가 떠오르고 있었고, 회사 로비로 낮은 광선이 드리웠다. 벽에 붙여진 "한계 없는 삶(Life without Limitations)"이라는 표어에 강하게 비추고 있었다.

도착했다고 전화를 하니 잠시 후 안내원이 휴게실에서 편안히 기다리라고 했다. 방 곳곳에 설치된 사진과 비디오 화면에는 어른들과 어린이들이 오수르 보형물을 착용한 모습들이 담겨 있었다. 자전거 타기, 등산하기, 달리기, 게임하기, 단순히 활동하기 그리고 일상생활에서 계단을 오르는 것 같은 행위 등이다. 팔이나 다리가 없는 사람에게, 이러한 일상적인 활동들은 영웅적인 성취를 나타내는 것이었다. 그곳에서 미래를 상상했다. 아름다운 웨딩드레스를 입은 환한 신부가 곧 남편이 될 남자와 함께 즐겁게 걸어가며 사진을 찍는다. 여느 신부가 그렇듯이 그는 드레스 가운 자락을 들어 보이며 두 개의 의족을 드러낸다. 주변의 비디오 화면에는 밝은 색상 가운을 입은 어린이 무리가 운동장을 즐겁게 가로질러 달리고 있었고 그 중 일부는 하나의 의족을 착용하고 있었고 또 다른 일부는 두 개의 의족들을 착용하고 있었다.

스마트 보형물이 돌려줄 수 있는 새로운 삶을 겨우 이해하기 시작할 그 때에, 오수르(Ossur)의 두 지도자인 에이나르스도티르 힐두르(Hildur Einarsdottir)와 로이 드 킴(Kim De Roy)이 대기실에서 나를 맞이했다. 그 후 몇 시간 동안 그들은 회사에 소개시켜 주었다. 오늘날 절단 환자들이 이용할 수 있는 가장 진보된 컴퓨터 보조 보형물이 여기에 모두 모여 있다는 것을 알게 되었다. 화산 산맥의 아름다운 전망을 제공하는 긴 유리 벽 복도를 건너면서, 드 킴은 오수르 생체 공학 연구소로 빠르게 걸어갔다. 그의 말하기 또한 빠른 속도로 진행했다.

에이나르스도티르는 '리오 네(RHEO KNEE®)'라고 불리는 컴퓨터 구동식 무릎 수술대를 소개했는데, 이 제품은 착용자의 움직임을 예측하도록 설계되었다. 리오 네는 기본적인 기계식 보형물이 하는 것처럼 단순히 보행만 가능하게 하는 것이 아니라 걷기와 달리기도 보조한다. 허의 컴퓨터 애니메이션 발목과의 유사성에 놀랐고, 이는 우연이 아니라는 것을 알게 되었다. 이 기술이 허의 연구소에서 유래했으며, 오수르가 이 기술을 처음 허가한 회사를 인수했다고 설명했다.

오수르는 이제 전 세계 사람들을 위해 새로운 무릎 제품을 제작하고 있다. 엠파워 발목과 마찬가지로 리오 네에 내장된 소형 컴퓨터를 사용한다. 착용자 움직임을 예측하여 척수 내에서 일반적으로 발생하는 신경 처리를 모방한다. 착용자가 계단이나 바위산 길을 오르거나 내려갈 때, 천천히 혹은 빠른 속도로 걷거나, 쪼그려 앉거나, 의자에서 일어서는 등 다양한 조건을 이용할 때, 정교한 반응을 제공한다. 무릎 내장 컴퓨터와 전자제품은 착용자의 수동 관절에 비해 민첩성을 크게 향상시켜 주었으며, 허의 엠파워(EmPower) 발목이 제공하는 이동성도 동시에 향상시켜 제공한다.

시장에 제품을 내놓기 위해서는 오수르의 대체 발, 발목, 다리 및 무릎이 실제 움직임과 활동의 비틀림에도 견딜 수 있어야 한다. 문자 그대로 실제 상황에서 사용되기 위해서는 무게를 지탱

해야한다. 그리고 많은 절단 환자의 의료 혜택이 하나의 보형물에만 적용되고 고체 구성품 서비스에는 적용되지 않을 수 있다. 이 때문에 어떤 경우라도 내구성이 반드시 평생 동안 지속되어야 한다. 오수르 리오 네 제품의 필수 서비스는 오래 지속되고 반응성이 뛰어나야 했다. 동시에 규제 승인을 받은 장치로 개발했다. 이 모든 것을 가능하게하기 위해, 오수르는 무릎 자체의 기술을 넘어 보다 안정적이고 효율적으로 제조할 수 있는 기술을 고안했다. 보형물 제작은 화려한 디자인으로 시작했으며 전문적인 공정으로 제품을 마무리했다.

오수르 단지에는 제조 시설이 포함되어 있다. 이는 디자인을 생산으로 옮기기 위한 것이었다. 다음으로 드 킴은 현지 공장인 조립 시설로 안내했다. 여기서 회사가 이러한 수요를 충족시키기 위해 제조 공정을 어떻게 구축했는지 보여 주었다. 오수르는 고품질 금속(예: 제트 엔진 부품에 사용되는 알루미늄과 티타늄 종류)과 최첨단 탄소섬유를 사용한 고정밀도 제조 공정을 갖추었다. 그곳에서 금속 블록과 탄소 섬유 조각을 사용하여 발목, 발 및 무릎 부품들을 연마하며 광택을 내고 있었다. 모두 12개가 넘는 일렬의 기계들이 질서 정연하게 움직이는 것을 보았다. 일부 부품들은 8 마이크로미터에 불과한 오차 허용 오차를 가지고 있었다. 왜냐하면 착용자들이 일상 활동을 통해 걷고 오르고 멈추고 그리고 서있는 것과 같은 끊임없는 도전과 항해를 해야하기 때문이다. 따라서 하루 종일 그리고 매일 믿을 수 있는 수준으로 이 정교한 정밀도와 강도를 유지해야 한다.

조립시설에서 드 킴은 햇빛이 잘 드는 로비를 활기차게 내려갔다. 이곳은 경사로, 계단, 매끄럽고 거친 보행 표면, 정지된 자전거 그리고 다른 장비들이 꽉 들어서 있었다. 마치 운동 스튜디오처럼 보이는 오수르의 가이트(Gait) 연구실이었다. 사람들이 걷고 점프하고 자전거를 타는 행위에 필요한 많은 장비들이 사용되고 있었다. 오수르에서 몇 시간을 보낸 후에도 이곳에서 장비를 모니터링하고 조작하는 대부분 사람들이 인공 장비를 착용하고 있다는 것을 여전히 알아차리지 못했다. 드 킴은 의족을 착용한 사람이 계단을 쉽게 오르내리기 위해 디자이너들이 해결해야 할 몇 가지 난제를 설명했다. 시범을 보이기 위해, 바지 다리를 올리고, 매우 유행하는 양말을 내리고, 어떻게 그의 의족 발목이 나와 같은 템포로 계단을 오를 수 있을 정도로 발 앞부분(발끝)을 올리는지를 보여주었다. 그때까지 몇 시간 동안 함께 회사를 둘러보면서 거의 1마일 가까이 걸어가고 몇 개의 계단을 향해 했지만, 나는 드로이의 왼발이 생물학적인 것이 아니라 의족이라는 것을 알아차리지 못했다.

드 킴의 발목과 발은 프로플렉스(Pro-Flex)로 알려진 회사의 최신 제품 중 하나였다. 그와 에이나르스도티르는 이 제품의 혁신적인 디자인을 처음 보았을 때 흥분을 억누를 수 없었다고 말했다. 프로 플렉스는 컴퓨터와 모터 없이도 드 킴에게 필요한 다기능성, 균형성 및 파워를 제공하였다. 한편 최첨단 탄소 섬유와 복잡하게 설계되어 서로 접합되어 있었다. 프로 플렉스는 발목의 자연스러운 움직임을 이전 장치보다 훨씬 더 가깝게 구현되었으며 훨씬 더 가볍고 저렴하며 튼튼한 형태로 제작되었다.

오수르에서 전시되고 생산되는 새로운 재료, 새로운 컴퓨터 그리고 새로운 장치들은 인공 보형물의 새로운 가능성을 열어주었다. 그 어느 때보다 더 많은 다재다능함, 균형감 및 강도를 제공했다. 그러나 정교한 컴퓨터로 조종하고 움직이는 무릎 착용자도 때때로 강한 좌절감을 토로하기도 한다. 의도대로 간단하게 의족을 움직일 수 없다는 것이다. 그들은 종종 "무릎이 나를 걷게 하고 있다"는 감각만을 가진다라고 말했다.

다음의 큰 도전은 신경계를 연결하고 착용자 의도에 반응하는 팔다리를 설계하는 것이다. 이러한 도전을 해결하기 위한 방법을 개발한 회사 중 하나가 스마트 보형물의 오수르였다. 이 회사의 보형물 연구 개발 부사장 오드손 마그누스(Magnus Oddsson)와 이야기를 나누었다.

오드슨은 강렬한 사람이었다. 그는 나의 대학 동기들을 떠올리게 하였다. 우리의 대화는 수준을 넘어 끊임없이 같이 일하고 싶은 마음을 일으켰다. 그는 말을 아껴서 정확하게 설명했다. 인공 보형물의 의도 제어 작업에서 오수르의 목표는 "임상적으로 검증된 혁신적인 솔루션"을 생산하는 것이라고 했다. 이는 이 장치들이 실제 상황에서 입증 가능하고 측정 가능한 방식으로 작동해야 한다는 것을 의미한다. 운동성을 향상시키고 착용자에게 호응을 받아야 했다. 기기 설계 외에도 착용자를 위한 향상된 능력과 함께 가치 창출 및 비용 절감에 대한 의학적 증거도 제공해야 했다. 기업이 성공하려면 최첨단 연구 혁신과 시장 수용성과의 균형이 필수였다. 이 장치들은 잘 작동해야 할 뿐만 아니라 이미 확립된 의료 서비스 제공자의 인정을 받아야 했고 지속되어야 했다. 이 모든 것을 이루기 위해 오드슨은 내게 말했다. "단순함이 핵심이다."

오수르의 전략은 착용자 자신의 생물학에만 기반을 두었을 뿐 우리가 신경근육계를 재창조하거나 재창조하려는 것이 아니라고 설명했다. 다시 말하면 오수르의 목표는 사람들이 잃어버린 기능을 회복하도록 돕는 것이지 새로운 기능이나 초인적인 능력을 창조하는 것이 아니다라는 것이다. 따라서 이 회사는 근육 움직임과 다리 근육 제어에 노력을 집중해 왔다. 이는 일반적으로 생물학적 과정에 관여하는 일이었다.

의족 발목이 움직일 수 있도록 하기 위한 오수르의 전략은 절단 후에도 남아있는 신경 근육계의 기능 요소를 필요로 한다. 척수에 있는 운동 뉴런들은 특정한 움직임에 관련된 근육을 활성화시키기 위해 팔다리를 통과하는 긴 엑손을 가지고 있다. 신경계를 절단 지점까지 그대로 유지한다. 무릎 아래 대부분을 절단한 수술은 발목 관절에서 발을 올리거나 내렸을 때 하퇴부 근육 일부를 그대로 보존하고 있다. 이것을 알아차린 오수르는 근육의 움직임을 감지하는 생체 적합 무선 전극을 개발했다. 오수르는 일반적으로 발목의 연장이나 굴곡을 조절하고 근육 수축이나 이완 상태에 반응하는 근전기 감지기를 근육에 이식했다. 근육 내장 센서는 그들의 신호를 의족 하퇴부에 위치한 수신기로 보낸다. 그러면 수신기는 의족을 올리거나 내리기 위해 발목을 뻗거나 구부리는 그 정보를 컴퓨터화된 의족 모터에 전달한다.

오드슨은 절단 환자 "칼리(Kali)"의 비디오를 보여주며 오수르의 제품 발전을 설명했다. 이는 새로운 세대의 정신기반의 구동 보형물 원형을 시험하는 것을 돕고 있는 영상이었다. 칼리는 무릎 아래 오른쪽 다리에 보형물을 착용하고 있었다. 그는 그의 인공 의족을 그의 자연 다리 위에 꼬고 앉아 있었다. 그리고 그의 관심을 발에 집중시킨다. 그러면 칼리는 그의 자연적인 다리로 할 수 있는 것처럼 자연 발목이 할 수 있는 일을 로봇 발목으로

하였다. 그는 발을 구부리고 뻗었다. 의족을 굽히고 펴는 몇 번의 사이클이 끝난 후 그는 기쁨과 놀라움 그리고 자부심이 뒤섞인 승리 미소를 지으며 위를 올려다 보았다.

칼리는 생각만으로 발목과 발을 움직였다. 타고난 발목과 발을 잃어버렸음에도 불구하고 이러한 절단술 덕분에 그의 무릎 아래 다리에 남아있는 근육의 일부를 보존했고 이것은 그의 근육들을 수축시키고 이완시킬 수 있게 해주었다. 컴퓨터화된 발목을 구동하는 근전기 센서가 신호를 받기 전에는 하퇴부 근육을 수축시키거나 이완시킬 이유가 없었다. 그렇게 하는 것은 아무 소용이 없었을 것이다. 하지만 근육으로부터 신호를 받을 수 있는 의족을 가지고 있기 때문에, 이제 그는 다시 한번 발을 움직일 의도(생각)를 표현할 수 있었다. 이러한 종류의 기술이 보다 더 보편화된다면 절단 수술을 수행하는 외과 의사들은 그들이 일하는 방식을 바꿀 것이다. 나중에 의도로 움직이는 의족을 부착할 것을 예상하면서, 이러한 "스마트한" 의족을 사용할 수 있는 방법으로 절단된 팔다리 끝의 근육 활동을 보존하기 위해 노력할 것이다. 여기서 간단히 설명했듯이 이것이 바로 허 휴의 현재 프로젝트이다.

절단 수술을 받은 사람들에게 거의 완전한 이동성과 기능을 복원하고 드넓은 시장에 내어 놓을 수 있는 디자인을 만듦으로써 오수르는 보형물에 대한 일반인의 생각 방식을 완전히 바꾸어 놓았다. 장애 신호를 보내는 대신 정상 신호를 보낼 수 있게 되었다. 오수르 사무실에서 여자 화장실로 안내하는 표지판을 봤을 때 내가 받은 메시지는 다음과 같다. 그것은 여성을 나타내는 일반적인 치마 자태를 보여주었지만 그 자태는 오히려 의족을

그림 5.1. 오수르의 여자 화장실 아이콘.

뽐내고 있었다.

허와 오수르와의 방문으로 우리가 팔다리를 대체하는 어려운 문제를 해결할 수 있는 길을 잘 가고 있다고 충분히 믿게 되었다. 그러나 많은 장애는 팔다리가 아니라 신경계 자체의 손상으로 발생한다. 뇌 손상 후 신체의 기동성을 회복하는 것[163]은 매우 복잡한 문제이지만 이 분야에서도 놀라운 진전을 보이고 있다. 세계 최고의 신경생리학자들 중 한 명인 도노휴 존(John Donoghue)을 만나기 위해 스위스 제네바로 날아갔다.[164] 곧 그가 얼마나 인상적인 사람인지 알게 되었다.

신경과학 연구 초기 시절의 친구이자 동료인 존은 인간이 다른 동물들과 가장 구별되는 뇌의 대뇌 피질을 이해하는 데 그의 모든 경력을 다 바쳤다. 그는 운동 피질, 대뇌피질의 신경세포 집합 그리고 인간 움직임을 지시하는 그들의 연결 등에 관하여 연구 중이었다. 요즘 자신이 교수로 있는 로드 아일랜드

(Rhode Island)주의 브라운 대학교(Brown University)와 2014년부터 위스 바이오·신경 공학 센터(Wyss Center for Bio and Neuroengineering) 초대 소장을 맡고 있는 제네바를 오가며 바쁘게 지내고 있었다. 이 센터에서 존은 엔지니어, 생물학자, 컴퓨터 과학자 및 임상의로 구성된 팀을 이끌고 있다. 뇌 손상이나 질병으로 장애가 있는 사람에게 이동 보조 장치를 설계하기 위한 함께 노력 중 있었다.

뇌가 어떻게 신체 움직임을 조정하는지[165] 기본적인 이해하는 데에만 거의 한 세기가 흘렀다. 의식적이든 무의식적이든 간에, 예를 들어, 질문에 대답하기 위해 손을 들거나 아침 식사를 위해 계단을 내려가기 위해 첫 번째 단계를 밟는 것과 같이 막 움직이기로 결정하는 순간에, 우선 일차 운동 피질(primary motor cortex; PMC, 역자 주: 전드엽의 배측에 위치한 대뇌 피질로 전운동 피질, 보조운동 영역, 후두정엽 피질 등과 함께 운동을 계획하고 실행하는데 주요한 역할을 하는 대뇌 피질 중 하나)이라고 불리는 뇌의 한 부분이 작동한다. 일차 운동 피질는 우리 귀 바로 위에 뇌의 표면 위치에 있다. 일차 운동 피질 신경 세포는 뇌와 척수를 통해 일차 운동 피질 신호를 전달하여 특정 일을 수행하기 한다. 척수 높이에 있는 운동 뉴런에 도달하는 긴 선과 같은 매우 긴 엑손을 가지고 있다. 운동 뉴런이 일차 운동 피질 뉴런으로부터 입력 받을 때 엑손은 척수에서 의도된 움직임을 수행하는 근육으로 신호를 전달한다. 손을 들기 위해 일차 운동 피질 신경세포는 자신의 신호를 척수의 팔 부분에 있는 운동 뉴런으로 보내고, 운동 뉴런의 엑손은 그 신호를 척수에서 제 팔의 움직임을 조절하는 근육으로 전달한다.

대학원에서 신경 생물학을 공부할 때, 교과서에서 일차 운동 피질을 점묘적 조직(pointil-list)으로 묘사되었다고 배웠다. 일차 운동 피질 신경 세포는 신체 표면을 반사하는 일종의 뇌 지도에 배열되어 있고, 지도상의 각 지점 뉴런은 신체 특정 근육을 위해 운동 뉴런을 구동한다고 믿었다. 연구 초기에 존은 일차 운동 피질 조직을 이해하는 방법과 뇌가 신체적인 행동을 이끄는 방법을 바꾸는 연구를 수행했다. 일련의 획기적인 연구에서 일차 운동 피질의 각 지점이 특정한 근육이나 근육의 집합이 아니라 행동에 해당한다는 것[166]을 정확하게 보여주었다. 예를 들어 손을 들면 일차 운동 피질의 한 위치가 등과 팔 근육을 움직이게 하고 출력을 조정하여 부드러운 운동 성능을 만들어 주게 되는 것이다.

존은 학문적으로 세계적 인정을 받았다. 일반적으로 생각하면 그는 일차 운동 피질의 기본적인 신경생물학에 대한 연구만 계속했을 것이다. 그러나 다른 사람이 상상하지 못할 정도로 대담한 야망을 추구하기로 결심했다. 척수 손상과 질병으로 마비된 사람들에게 이동의 힘을 돌려주는 것을 돕기 위해 일차 운동 피질와 일차 운동 피질의 조직에 대한 연구를 시작했던 것이다.

뇌와 척수가 온전하다면 일차 운동 피질와 뇌의 다른 부분에 있는 뉴런(nerve cell)이 움직이고 엑손을 통해 조정 신호를 보낸다. 이 신호는 운동 뉴런을 활성화시키기 위해 뇌에서 척수를 통해 엑손을 따라 이동한다. 척수의 운동 뉴런에는 근육을 활성화시키기 위해 척수 밖으로 뻗어있는 엑손이 있다. 이러한 움직임이 효과적으로 조정되기 위해서는 일종의 피드백 루프(feedback loop)를 통하여 인식한다. 근육, 피부 및 관절에 있는 감각기관을 척수 신경세포와 연결한다. 척수를 통해 뇌로 올라가는 엑손과 척수 반대 방향으로 이동하는 신호를 통해 주변 환경을 촉각

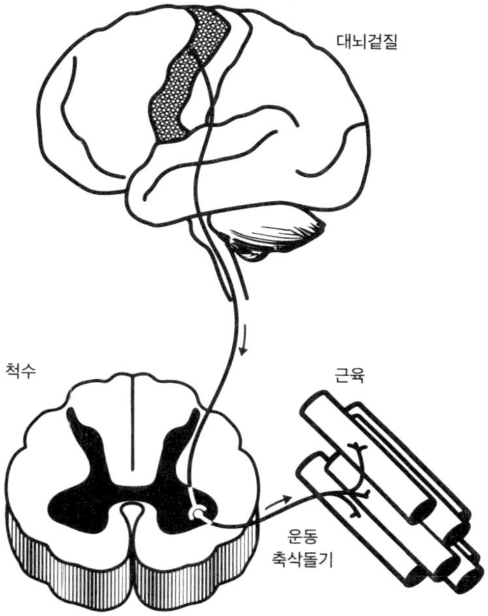

그림 5.2. 일차 운동 피질 활동은 모터의 움직임을 촉발한다. 일차 운동 피질 신경세포는 일차 운동 피질에서 척수로 뻗어나가는 긴 엑손을 가지고 있다. 일차 운동 피질 뉴런이 활성화되면 척수에 있는 엑손 말단이 운동 뉴런을 활성화시킨다. 운동 뉴런의 엑손은 근육과 연결되어 근육 움직임을 시작한다.

과 팔과 다리의 위치로써 인지한다. 뇌로 되돌아가는 감각 연결을 통해 우리가 느끼는 통증, 열, 추위 또는 팔이나 다리의 위치에 대한 인식[167]을 피드백하여 전달한다.

만약 척수에 부상을 입으면 이 모든 연결고리들이 절단된다. 뇌를 근육으로부터 분리시키면 장기가 마비될 수 있다. 척수는 등 중앙을 따라 울퉁불퉁한 척추 기둥인 뼈로 덮여있어 부상으로부터 보호되고 있다. 뇌도 마찬가지로 단단한 뼈로 덮여있어 두개골에 의해 보호된다. 뇌와 척수를 보호하는 것은 필수적이다. 피부, 뼈, 간 및 근육과 달리 중추신경계의 신경 세포는 부상으로부터 효과적으로 회복되지 않는다. 인간의 모든 능력과 행동, 예를 들어 호흡, 말하기, 보기 및 걷기 등은 뉴런에 의해 움직인다. 뉴런이 손상을 입으면 스스로 회복할 수 없다. 지금까지의 많은 연구에도 불구하고 아직 뇌가 회복되는 것을 방해하는 생물학 정보를 충분히 이해하지 못하고 있다. 아직까지 뇌 손상을 치유할 수 있는 효과적인 전략은 없다. 이것은 심각한 척수 손상이 다리나 손을 영원히 움직이지 못하게 만든다는 것을 의미한다.개인의 훈련을 통해 일부는 손상되지 않은 경로를 통해 일부 기능을 회복할 수 있지만 척수 손상을 입은 대부분의 사람들은 마비되고 감각 없이 남아있게 된다.

척수 손상 이후 자발적인 움직임을 막는다. 그럼에도 불구하고 일차 운동 피질 뉴런이 여전히 활동할 수 있다는 가능성을 존은 알고 있었다. 그는 누군가의 의도를 이해하기 위해 일차 운동 피질 뉴런의 활동을 기록하고 그 의도를 움직임으로 바꿀 수 있는 대체 수단을 고안해낼 수 있는지에 대하여 매우 궁금했다.

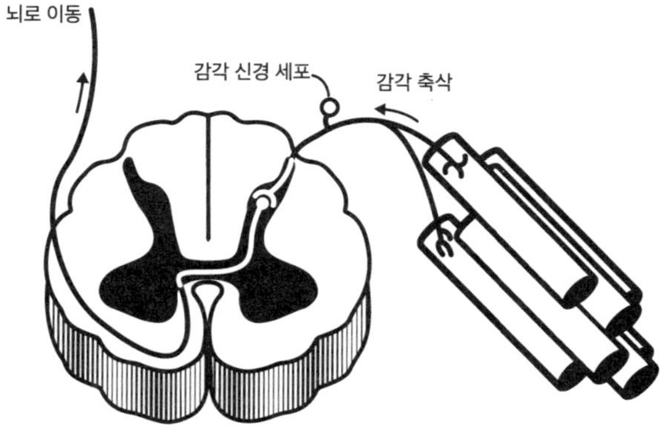

그림 5.3. 근육 또는 피부의 감각 정보는 뉴런의 엑손을 통해 척수로 이동한다. 들어오는 신호는 척수 뉴런을 활성화시킨다. 뇌로 감각 신호를 전달한다.

만약 그렇다면 부상이나 질병으로 마비된 사람들에게 신체적으로 다시 세상과 연결하는 방법을 제공할 수도 있을 것이다. 이런 가능성을 확인하기 위해 동료들, 의사들, 엔지니어들, 신경생물학자들과 힘을 합쳤다. 2000년 초에 그들은 뇌 활동을 기록하고 이를 컴퓨터로 중계하는 피질내 뇌-컴퓨터 인터페이스(intracortical Brain-Computer Interface; iBCI)를 함께 개발했다. 존과 동료들은 2006년 컴퓨터 인터페이스를 갖춘 피질내 뇌-컴퓨터 인터페이스의 잠재력을 처음 보여주었다.[169] 척수 손상으로 목 아래가 마비된 한 젊은이가 컴퓨터 게임 퐁(Pong)을 시작하기 위해 손으로 컴퓨터 마우스를 움직이는 것을 상상하자마자, 뇌-컴퓨터 인터페이스는 그의 의도를 읽고 컴퓨터 모니터에서 퐁 패들을 움직이는 것으로 번역하고 실행하는 실험을 성공했다.

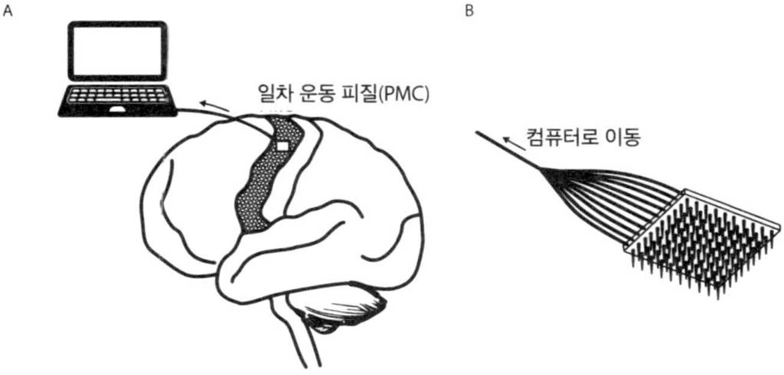

그림 5.4. 피질내 뇌-컴퓨터 인터페이스는 일차 운동 피질의 뉴런에서 의도된 움직임을 다음과 같은 절차로 수행한다. 먼저 작은 전극 배열(일차 운동 피질의 흰색 상자)은 일차 운동 피질 뉴런 활동을 기록한다. 팔다리를 움직이려는 의도가 시작되면 전극 배열은 일차 운동 피질 뉴런 신호를 감지하고, 그 신호는 컴퓨터로 전송된다. 컴퓨터는 신호를 해독하여 로봇 팔과 같은 외부 장치에 중계한다. 그리고 피질내 뇌-컴퓨터 인터페이스 전극 배열에는 대략 100개의 매우 얇은 바늘 모양 전극이 일차 운동 피질에 이식되어 있다. 전극은 일차 운동 피질 뉴런 활동을 기록하고 그 신호를 작고 유연한 전선을 통해 근처의 컴퓨터로 전달한다.

존 연구팀은 이후 몇 년 동안 괄목할만한 발전을 이루었고, 마침내 2012년 뇌졸중으로 목 아래가 마비된 캐시(Cathy)라는 이름의 여성이 단순히 자신의 팔을 움직이는 것에 대해 생각하는 것만으로 피질내 뇌-컴퓨터 인터페이스 로봇 팔을 움직일 수 있다고 발표했다.[170] 이를 가능케 한 것은 캐시의 일차 운동 피질 부근에 심어둔 아스피린 크기의 매우 작은 칩이 캐시의 자연스러운 팔 움직임을 촉발시켰기 때문이다. 이 칩은 캐시의 일차 운동 피질에 삽입된 바늘과 같은 100개의 작은 전극을 가지고 있었다. 각각의 전극은 일차 운동 피질 뉴런에서 오는 전기 신호를 기록하고 그 신호를 매우 가는 전선을 통해 컴퓨터로 보냈으며 그 신호는 캐시의 의도를 해독하기 위해 사용되었다. 그리고 나서 이동 명령 코드는 컴퓨터 구동 로봇 팔로 보내졌다. 뇌졸중 이후 15년 만에 처음으로 캐시는 단순히 생각만으로 물체를 움직이는 게 가능하게 되었다.

존 연구팀은 성공적으로 로봇 팔을 사용하는 캐시를 비디오에서 찾아냈다.[171] 그가 가장 좋아하는 하는 일은 아침 음료 시나몬 라떼(cinnamon latte) 물병을 집어 마시는 것이었다. 영상에서 그는 팔을 움직이기 위해 집중력으로 이마를 찌푸린다. 그것만으로 효과가 있었다. 로봇 팔은 병을 천천히 움켜쥐고 병을 집어 그 입으로 가져간다. 병 안에는 빨대가 담겨 있는데 빨대를 홀짝홀짝 마시며 라떼를 맛보는 순간 입가에 옅은 미소가 떠오른다. 잠시 후 병을 빼내 테이블 위에 세워놓기 위해 팔을 뻗을 것이고 그 때 그는 득의양양한 미소를 지으며 카메라를 향해 고개를 돌린다. 내 눈에 눈물이 맺히는 순간이었다.

2017년에 존 연구팀[172]은 자전거 사고 이후 8년 동안 마비되었던 빌(Bill)이 자신의 팔을 움직일 수 있게 함으로써 또다시 이 기술을 한 단계 더 발전시켰다. 빌의 일차 운동 피질에 두개의 피질내 뇌-컴퓨터 인터페이스와 마비된 팔 근육에 자극 전극 세트를 이식했다. 빌은 캐시와 마찬가지로 컵을 잡고 입으로 가져와서 마시라는 요청을 받았다. 이 경우에도 빌이 팔을 움직이려고 했을 때 활성화된 일차 운동 피질 뉴런으로부터 포착된 피질내 뇌-컴퓨터 인터페이스 신호는 컴퓨터로 중계되었고, 이것은 빌의 팔 근육에 있는 전극에 메시지를 보내 정상적으로 행동하도록 지시했다. 그것은 효과가 있었다. 빌은 컵 손잡이를 잡으려고 그의 손으로 한 모금 마시기 위해 입으로 가져갔다. 그가 술을 마시거나 음식을 먹는 데 팔을 사용할 수 있었던 것은 8년 만에 처음이었다.

2017년 가을 위스(Wyss) 센터에 있는 존을 방문했을 때 그는 기뻐하며 자신의 박물관이라고 부르는, 즉 생체 공학 기기들이 진열된, 유리 케이스를 보여주었다. 예를 들어 청각장애인들이 들을 수 있게 지원하는 달팽이관 이식술 그리고 비정상적인 심장 박동을 정상화하는 심방 제세동기 등과 같은 수많은 장치들이 피질내 뇌-컴퓨터 인터페이스의 전신이라고 말할 수 있다. 생물학적 통찰력과 기술 발전 덕분에 이러한 생명 변형 기술이 시간이 지남에 따라 얼마나 더 소형화되었지 보여주었다. 그리고 빌의 일차 운동 피질에 있는 칩 최신 버전을 나에게 건네주었다.

이 칩의 한 면 길이는 약 4밀리미터이다.[173] 그것은 100개의 털 같은 전극이 붙어 있고 각각 1.5mm 길이로 가늘고 거의 보이지 않는 털을 가진 작은 머리빗처럼 보인다. 칩의 밑 부분에는 가늘고 매우 유연한 전선이 걸려있었다. 이것은 전극이 전자 출력으로 신호를 해독하는 컴퓨터로 신호를 보냈다. 로봇이 자연스럽게 인간 팔의 의도적인 움직임을 유도하게 한다. 그 장치를 손에 쥐었을 때 그것이 얼마나 작은 무게인지 그리고 그럼에도 불구하고 얼마나 많은 것을 가능하게 할 수 있는지 충격을 받았다.

차세대 피질내 뇌-컴퓨터 인터페이스와 칩은 훨씬 더 작고 완전히 무선화가 될 것이다. 일부 공학자들은 신경 활동을 감지하고 전달하는 데 소금 알갱이보다 작은 센서가 개발될 것으로 예상한다. 매우 작은 이 장치들은 뇌 전체에 배치될 수 있으며 훨씬 더 많은 신호를 기록하고개인 의도를 더 정확하게 읽을 수 있게 해줄 것이다.

1960년대 후반부터 뇌-컴퓨터 인터페이스[174]가 새롭고 놀라운 아이디어였을 때, 신경생물학적 통찰력과 계산 능력의 빠른 발전은 그리 멀지 않은 미래에, 가장 위압적인 장애를 완화할 수 있는 새로운 기술을 선보일 것이다. 존의 동료인 레이 호치버그 박사는 차세대 무선기기가 뇌 활동을 기록하고 뇌전증이나 조울증 같은 비정상적 패턴의 시작을 해독할 수 있는 능력을 갖출 것으로 내다봤다.[175] 더 나아가 뇌에 교정 신호를 보내 정상적 활동 패턴을 회복시키고 그렇게 함으로써 신경 및 정신 질환 장애를 가진 사람들에게 정상적인 삶을 회복시켜 줄 수 있는[176] 장치들을 기대하고 있다.

이런 의학적 기적은 생각하는 것보다 더 가까이 있다. 허 연구팀은 절단 수술을 받은 사람들에게 더 자연스러운 이동성을 회복하기 위한 첫 번째 인간 프로젝트를 시작했다. 새로운 방식으로 협력하고 전문적인 방향을 제시할 학생과 동료들을 모았다. 정형외과 의사, 신경생물학자, 기계 및 전기 엔지니어 그리고 분자 유전학자들 등이 그들이다. 이 모든 분야는 위스 센터와 오수르 그룹처럼 운동 제어를 회복하기 위해 생물학을 사용하고 있었다. 유잉 짐이 허와 만났을 때 이미 그들은 앞으로 나아갈 준비가 되어 있었다. 짐은 "유잉 절단술"이라고 이름 붙여진 첫 번째 인간이 되겠다고 결심하고 자원했다.

허와 그의 동료들은 관절 주변 근육의 정상적인 "작용제/반작용제(agonist/antagonist)" 쌍[177]을 만들고 이 근육 쌍을 척수에 연결했다. 예를 들어, 발목을 굽히거나 뻗을 때 종아리 앞쪽과 뒤쪽 근육들은 번갈아 수축하거나 이완한다. 수축과 이완 모두는 근육에서 척수로 이동하는 신경 회로를 통해 척수 내 일련의 릴레이를 통해 통제되고 그리고 나서 근육으로 돌아간다. 부드럽고 효과적인 움직임을 위해서는 수축과 이완의 조정이 필요하다. 근육과 척추로 들어가는 감각은 국소 회로와 결합하여 움직임을 조정하고 다리와 발 위치에 대한 인식을 위해 뇌로 이동한다.

절단 수술을 받은 사람들에게 새로운 장치를 삽입시키기 위해 허와 외과 의사들은 절단 수술 절차를 재설계했다.[178] 발목 움직임을 조절했던 나머지 하퇴부 근육과 부착된 신경 위치를 서로 바꾸었다. 발목을 펴고 구부릴 수 있는 근육 쌍을 연결하기 위해 힘줄을 사용하여 작용제/반작용제 쌍을 만든다. 이 수술에 따라 절단 환자들이 발목을 굽히거나 펴는 것을 생각할 때, 다리 근육은 작용제/반작용제 쌍으로 정상적인 패턴으로 수축하고 이완한다. 근육 위에 있는 전극은 그들의 활동을 감지하고 그 신호들에 반응하는 컴퓨터화된 발목으로 신호를 전달하여 온전한 발목의 움직임을 재현한다. 일반 다리는 착용자 의도가 근육 움직임을 유도하지만 발목 컴퓨터는 직접 동작하기보다는 근육 신호를 의족 발목과 발동작으로 변환한다.

2015년까지 허 연구팀은 기기 설계, 컴퓨터 모델링 및 실험 테스트[179] 등 생명을 변화시킬 수 있는 모든 절차와 준비를 마쳤다. 짐은 매우 어려운 결정에 직면했다. 운동선수의 야망은 말할 것도 없고 1년이 지난 후에도 여전히 고통을 견뎌야 하거나 아니면 일상생활에서 그의 자연 다리를 포기해야 하는가에 대하여 선택해야 했다. 짐은 이 어려움을 다음과 같이 묘사했다. 즉 그의 발목을 계속 살려내거나 아랫다리를 절단하고 의족을 사용하는 둘 중의 하나를 선택하는 것이다. 허는 자신의 의족에 대한 경험과 실험실에 있는 장치의 진화에 대해 이야기했다. 수많은 대화, 상담 그리고 반대 과정을 통해서 짐은 마침내 절단 수술을 결정했다. 휴가 개발한 최신 기술, 즉 그가 움직일 수 있고 느낄 수 있는 하퇴부, 발목 그리고 발을 사용할 수 있는 새로운 기술을 시술받은 첫 번째 인간[180]이 되겠다고 자원했다.

평상시에도 짐은 걷거나 뛰거나 오르거나 스키를 타거나 그리고 스쿠버 다이빙을 하기 위해 의족을 착용했다. 고통 없이 이전의 활동적인 삶을 다시 시작했다. 그리고 어느 특별한 날에 그는 새로운 뇌 애니메이션 다리(brain-animated leg)를 새로 개발하기 위해 허 팀에 합류했다. 최근 허의 바이오메카트로닉스 연구소를 방문했을 때 짐이 케이맨(Cayman) 제도의 암벽을 오르는 영상을 봤다. 모든 등반가들과 마찬가지로 그의 시선은 왼발이 발가락을 찾을 때 위를 쳐다보고 있다. 어떤 시각적 안내도 없이 의족 발가락은 몸의 무게와 균형을 지탱하고 자연스럽게 오른쪽 다리와 발은 다음 발가락을 찾는다. 절벽 꼭대기에 도달한 짐은 앉아서 바다 풍경을 바라보며 편하게 왼발을 쉬게 한다. 이 복잡한 생체-컴퓨터-기계 수술과 장치를 통해 짐은 놀라울 정도로 자연스러운 움직임을 회복했다. 그는 "보형물이 나의 일부였던 것처럼 이 모든 것을 느낀다"고 말했다. 허는 향후 20년 이내에 의족을 얻는다는 것이 마치 "생물학적 다리를 되찾는 것과 거의 비슷할 것"이라고 예상했다.

머지않은 미래에 장애 부상을 당했던 사람들이 다시 걷고 말하고 세상과 교감할 것이다. MIT 대학교 이사회는 그러한 미래를 미리 엿볼 수 있도록 2010년에 허를 초청하여 그의 신기술 강연을 부탁했다. 우리는 작은 캠퍼스 강당에서 만났다. 그를 소개한 후 허는 운동선수와 같이 우아한 손놀림으로 강당 앞으로 걸어 나왔다. 아무도 그가 이중 절단 환자라고 의심할 이유가 없었다.

허가 말을 시작하면서 그는 청중들을 내려 보았고 그 방의 많은 사람들이 변형 보철 기술(transformational prosthetic technology)인 안경(eyeglasses)을 쓰고 있는 것을 알아 차렸다. 시력이 좋지 않으면 눈이 쇠약해질 수 있지만 시력이 나쁜 사람들은 장애인으로 간주하지 않는다고 지적했다. 왜냐고? "우리는 이미 시력 나쁜 사람을 완벽하게 정상적인 삶을 살 수 있도록 해주는 훌륭한 기술을 가지고 있기 때문이다"라고 말했다. 이 비유는 보형물로 이루고자 하는 그의 꿈을 완벽하게 표현한 것이었다. 그의 걸작품에 대해 이야기를 시작하면서 허는 첫 번째 바지 다리를 걷어 올렸다. 그리고 다른 바지의 다리도 점점 드러내면서 그의 의족, 발목 그리고 발을 모두 보여주었다. 청중들이 매우 놀라워했다. 허가 방에 들어와서 말을 거는 것을 본 어떤 사람도 그를 장애인으로 여기지 않았다. 왜냐하면 그는 안경뿐만 아니라 완벽한 보형물을 착용하고 있기 때문이다. 허는 최첨단 의족 및 컴퓨터 보조 발목으로 서서 연설을 마쳤다. "사용 가능한 기술이 이를 극복하기에 불충분한 경우에만 장애라고 부른다. 절단과 마비를 장애자 명단에서 제외합시다"라고 그는 말했다.

제 6 장

세계를 먹여 살리다

2017년 가을, 나는 세인트루이스 시내 외곽 댄포스 식물 과학센터(Danforth Plant Science Center)의 어두운 방에 머물고 있었다. 루이스는 작은 창문을 통해 750평방피트의 "생장 하우스"[181]을 들여다보고 있었다. 그 안은 거의 만화처럼 보였다. 밝은 조명 아래에 초자연적인 녹색 그늘로 빛나는 약 천 개의 중소형 식물들이 세심하게 춤을 추고 있었다.

실제로 식물들은 180미터의 컨베이어 벨트를 따라 움직이고 있었다. 중앙 배열에서 나온 식물들은 아주 우아하게 움직였고 이곳저곳에서 새로운 벨트로 갈아타고 다른 벨트와 병합하면서 이 방 저 방을 돌아다니다가 가끔은 주기적으로 다른 스테이션(station)에서 멈췄다. 각각의 스테이션에는 특별한 기능이 있었다. 그중 하나는 각각의 식물에 맞추어서 물을 주는 것이었고 다른 하나는 맞춤 비료를 제공하는 것이었다. 또한 식물의 무게를 하나씩 기록하였고 다양한 각도에서 디지털 사진을 찍어 키,

둘레, 잎의 번호 등의 식물 특징과 뻗는 가지의 패턴 및 크기 등을 기록했다. 또 한 사람은 근적외선 사진을 찍어 수분 함량을 기록했다. 식물들이 중앙 배열의 제자리로 돌아와 다음날 다시 시작할 때까지 이러한 춤은 계속되었다. 방의 조명, 온도 및 습도는 정밀하고 신중하게 설정되었고 식물의 스트레스 테스트를 위해 담당 과학자들은 방의 온도를 극단적으로 올리기도 하고 광합성 능력과 그늘 적응 테스트 등을 위해 빛 스펙트럼과 광도를 조작하고 있었다.

그 광경의 오묘함에 사로잡혀 몇 분 동안 그대로 지켜보았다. 하지만 이것은 단지 나를 위해 꾸며진 쇼(show)가 아니었다. 이 식물들은 몇 주 동안 계속 춤을 추고 있었는데 이 모든 과정은 의도적으로 벨웨더 재단 표현형 시설(Bellwether Foundation Phenotyping Facility)로 알려진 댄포스 센터에 의해 개발되었다. 각 시설은 무선주파수식별(RFID, radio-frequency identification) 칩과 바코드 모니터를 통하여 주의 깊게 모니터링하고 모든 이미지, 세부 측정, 맞춤식으로 할당되는 비료와 물의 양 등이 정확하게 기록되고 있었다. 식물 연구는 생물학과 공학을 하나로 모아 식물 유전이 시간에 따라 표현된 것이다. 뿐만 아니라 알려진 모든 형질과 특성을 생산하기 위해 환경과 어떻게 상호 작용하는지를 새로운 방식으로 이해해야 한다.

댄포스(Danforth) 과학자들은 대규모 전산 분석과 적합한 형태에 맞추어서 모든 식물에 대한 유전 데이타와 표현형 데이타[182]를 수집한다. 본질적으로 식물의 모든 유전적 특성과 표현형 특성을 숫자로 변환하고 그 숫자로 부터 식물 특성이 어떻게 구성되는지에 대한 지도를 그린다. 유전체학이 유기체의 전체 유전자 정보 집합을 가리키는 것처럼, 페노믹스(phenomics)는 표현형 정보의 전체 집합의 물리적 특성을 나타낸다.[183]

생장 하우스에서 페노믹스를 통과하는 모든 식물의 데이타의 양은 놀라울 정도로 많다. 수만개의 유전자가 식물 발달과 기능을 조정하며[184] 유전자 사이의 미묘한 변이 조합은 끝없는 표현형 배열을 만든다. 이전의 과학자와 기술자는 식물이 어떻게 자라는지에 대한 고품질의 정보량을 모을 수 없었다. 그 어느 때보다 쉽게 댄포스 센터 식물 과학자의 새로운 기술 도움 덕분에 식물이 시간이 지남에 따른 복잡한 유전자 발현 방식에 대해 이해했다. 또한 고성능의 빅 데이타 컴퓨터 분석 출현으로 표현형 데이타를 연구하고 조작하고 기록하는 방법을 빠르게 학습할 수 있었다. 이를 통해 농작물 수확량을 획기적으로 향상시키는 식물 변형을 설계할 수 있게 되었다.

이러한 생물학과 공학의 융합은 이전의 장에서 살펴본 예들과는 다소 다르다. 과학자와 공학자가 생물학 유기체와 메커니즘을 활용해서 미래의 다양한 기술적 난제를 해결하고 있다. 그러나 이 경우에 데이타 수집과 계산 엔지니어링 도구가 복잡한 생물학 특성에 대한 통찰력을 제공한다. 새로운 식물 품종과 작물의 개발을 위해 이러한 도구들은 식물의 물리적 특성과 그 특성이 시간에 따라 어떻게 발전하고 변화하는지 새로운 차원의 이해를 제공한다. 이런 종류의 정보는 지금보다 훨씬 더 효율적이고 정확하게 최적 특성을 가진 식물을 선택할 수 있게 보장한다. 이러한 융합은 지금까지 살펴본 다른 것들과 마찬가지로 매우 혁신적이다. 농업과 식량 생산에 대한 이러한 접근법들은 우리 인류가 2050년까지 95억 명[185] 또는 그 이상의 증가하는 인구를 먹여 살려야 하는 급박한 수요를 만나게 될 것이다.

식량에 대한 수요는 엄청날 것이다. 이를 충족시키기 위해 우리는 현재의 전 세계 농작물 생산성을 거의 두 배로 늘려야 한다.[186] 현재 경작하는 땅의 두 배가 필요할까? 아니면 기술 혁신을 통해 현재 농지의 생산성을 높일 수 있을까? 이 도전은 어렵지만 극복해야 하는 도전이다. 사실 지난 100년 동안 농작물 순환을 통해서 생산하는 옥수수의 양을 거의 두 배로 늘려왔다. 더 효과적인 농지 관리, 천연 비료와 합성 비료의 가용성 증가, 선택과 유전 공학을 통한 농작물 유전학의 향상 그리고 점점 더 효율적인 농업의 기계화 등이 그것이다.

인류는 아주 오랫동안 지속적으로 식량 생산성 향상을 노력해 왔다. 고고학적 발굴의 증거[187]는 인간이 10,000년 이상 전부터 비옥한 초승달 모양의 농업지대에서 식량 작물 재배를 시작했다는 것을 보여준다. 초기 조상들은 아마도 야생에서 자란 식물 씨앗을 모아서 심었을 것이다. 그리고 그들은 주의 깊게 관찰하고 가장 적합한 변종을 선택하고 전파함으로써 작물 생산성을 향상시켰다. 유전자에 대해 아무것도 모르는데도 불구하고 초기 유전 공학자들이 노력해 왔었던 것이다.

유전학은 현대 과학이다. 유전자라는 말은 덴마크의 식물학자 요한센 빌헬름(Wilhelm Johannsen)이 처음 사용했을 때인 1905년까지로 거슬러 올라간다.[188] 이는 관찰 가능하고 생물 특성을 결정하는 데 참여하는 별개의 유전 단위를 지칭한다. 요한센은 네덜란드의 식물학자 브리스 드 휴고(Hugo de Vries)에 의해 20년 전에 만들어진 용어인 판젠(pangene)을 참조했다. 그러나 이러한 유전체의 존재는 현대 유전학 창시자로 널리 알려진 아우구스티누스(Augustinian)의 수도사인 멘델 그레고르(Gregor Mendel)에 의해 제안되었다.

그레고르는 1856년에서 1863년 사이에 아우구스티누스 수도원에서 잘 알려지지 않은 채 일했다. 그는 브르노(Brno, 역자 주: 현재의 체코)의 성 토마스(St. Thomas)에서 수천 종의 완두콩 식물을 교배시켰고 이들의 특성이 예측 가능한 수학적 규칙에 따라 한 세대에서 다음 세대로 분류된다는 것을 처음 발견했다. 그리고 이러한 규칙들이 식물의 물리적 특성 상속을 지배하는 "유전 단위 인자"라고 불리는 존재로 설명될 수 있다고 제안했다. 오늘날 멘델의 유전 법칙으로 알려진 그레고르의 법칙은 현대 유전학의 기초를 닦았다.

이후 멘델은 1865년에 놀라운 추론 하나를 발표했다.[189] 그 핵심은 식물의 주어진 물리적 특성(예를 들어 씨앗 색깔)이 두 유전자 발현에 의해 결정되며, 한 쌍은 부모로부터 온 것이다. 쌍으로 구성된 두 유전자는 형질 발현에 서로 다르게 기여할 수 있는데, 하나는 우성이고 다른 하나는 열성이다. 예를 들면 완두콩 색깔 유전자의 경우에는 녹색보다 노란색이 우세하다는 것이다. 완두콩은 노란 씨앗의 유전자를 각각 하나씩 물려받으면 노란 씨앗을, 녹색 씨앗의 유전자를 2개씩 물려받으면 녹색 씨앗을, 노란색과 녹색 씨앗의 유전자를 각각 하나씩 물려받으면 노란색 씨앗을 갖게 된다.

그 당시 멘델은 자신의 유전법칙 뒤에 놓여있는 "인자(factor)"를 설명할 때, 멘델은 그것이 어떤 물리적 형태를 띠는지 전혀 이해하지 못했다. 요한센(Johannsen)도 마찬가지였다. 그는 멘델이 유전자(gene)라는 용어를 처음 사용했을 때에도 여전히 물리적 구조가 아닌 행동을 묘사하고 있었다. DNA의 실제 구조[190]와 유기체 특성을 결정하는 DNA 역할은 거의 50년이 지나서야 밝혀질 것이다.

이러한 과학적 진보 패턴은 매우 일반적이며, 우리가 이 책을 통해 알게된 정형화 패턴(pattern)이다. 초기에는 자연 현상에 대한 예리한 관찰에서 시작되며, 이후 탐사를 통해 현상을 일으키는 물리적 구성 요소의 발견으로 이어진다. 패러데이 마이클(Michael Faraday)은 조지프 존 톰슨(J. J. Thomson)이 1897년 전자를 발견[191]하기 훨씬 전인 19세기 중반에 전자기력을 이러한 힘을 발생시키는 입자로 묘사했다.[192] 비슷하게도 물이 세포막을 가로지르는 방법에 대한 동역학도 20세기 초에 매우 상세하게 설명되었다. 아그레 피터(Peter Agre)가 물 분자가 막을 가로지르는 물리적 통로를 제공하는 물-통로 단백질(water-channel protein)을 발견하기 훨씬 전의 일이다.

멘델 생존 당시에는 그의 업적이 잘 이해되지 않았고 이후 거의 대부분이 잊혀졌지만 20세기 초에 몇몇 연구자들이 그것을 재발견하고 다시 사용했다. 요한센은 멘델의 뒤를 이어 인자 유전자를 "유전자(gene)"로 부르기 시작했다. 멘델의 법칙과 유전학 분야의 발전에 따라 농경학자들은 식물 번식 방법에 대해 새로운 방식으로 생각하기 시작했다. 한편 1869년 스위스의 생물학자 프리드리히 미셰르(Friedrich Miescher)는 "뉴클레인(nuclein)"이라고 부르는 물질을 혈액 세포의 세포핵에서 분리하였다. 이로부터 시작된 DNA 분자 구조에 대한 연구가 점차적으로 증가되었다. 그 때 미셰르는 몰랐지만, 그는 유전의 물리적 기질(physical substrate of heredity)을 발견한 것이었다. 사실 수십

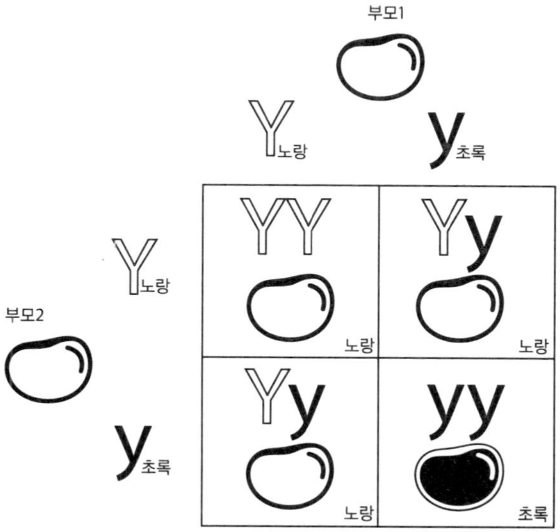

그림 6.1. 퍼넷(Punnett) 정사각형은 유전자 교차의 표준 표현 방법이다. 완두콩 식물의 경우에 노란색 씨앗 색(Y)이 녹색(y)보다 우세하다. 두개의 노란색 유전자(YY) 또는 하나의 노란색과 하나의 녹색 유전자를 가진 완두콩 식물은 노란색 씨앗을 갖게 될 것이다. 두개의 모태인 Yy 완두콩 식물이 서로 교배되면, 한개 또는 두개의 지배적인 Y 유전자를 물려받은 자손 식물은 노란색 씨앗을 갖게 된다. 즉 두개의 Y 유전자(YY, 동형 집합체, homozygotes)를 물려받은 자손은 노란색 씨앗을 갖게 되며, 하나의 노란색(Y)과 녹색(y) 유전자를 물려받은 모든 자손 식물은 노란색 씨앗을 갖게 된다. 열성 녹색 유전자(yy, 이형 집합체, heterozygotes)의 두개의 사본을 물려받은 자손 식물만이 녹색 씨앗을 갖게 될 것이다.

년 동안 대부분의 과학자들은 뉴클레인 구조가 너무 반복적이고 지루하기 때문에 유전 정보를 전달할 수 없다고 믿었다. 관찰된 표현형(phenotypes)의 풍부한 다양성은 여러 가지 물질을 필요로 하기 때문에 유전과 뉴클레인의 관련성은 그 당시에는 크게 주목받지 못했다.

1953년 제임스 왓슨과 프랜시스 크릭이 DNA의 분자 구조에 대한 모델로 이중 나선을 제안했다. 이때까지 유전 물질을 찾는 연구는 수십 년 동안 계속되고 있었다. 2장에서 보았듯이, 그들이 설명한 이중 나선은 항상 동일한 패턴으로 짝을 이루는 4개의 염기 쌍(구아닌과 사이토신, 아데닌과 티민)으로 구성된 띠 모양이다. 상호 연결된 평행의 인산과 당의 사슬을 가진 비틀린 사다리와 닮아 있으며 DNA의 정확한 복제를 촉진한다.

DNA 구조에 대한 설명이 밝혀지자마자 분자생물학 분야는 정말로 독자적인 발전 단계로 들어섰다. 이제 생물학자들이 그것의 기본 구조를 이해했기 때문에 곧 유전 정보가 DNA에서 RNA로 복사되고 RNA에서 단백질로 변환된다는 것을 알 수 있게 되었다. 그리고 나서 단백질은 세포 조립을 조직으로 안내하고 조직과 전체 유기체의 신생 특성들을 많이 발현시킨다.

이것은 과학과 농업 역사에서 획기적인 순간이었다. 왓슨과 크릭의 발견 이후 분자생물학자는 식량을 재배하는 것에 대하여 완전히 새롭게 접근했다. 그들은 이를 위해 유전학에 대한 새로운 이해를 적용했다. 1983년에 과학자들은 유전 공학적으로 곤충에 강한 담배[193]를 개발했을 뿐만 아니라 식물 세포로 DNA를 옮기는 새로운 방법도 확립했다.[194] 이제는 모든 종류의 진전이 가능해졌다. 즉 식물에 새로운 유전자를 추가하는 것은 식물 영양 성분을 증진시키고 물의 필요성을 줄이거나 질병에 대한 위험성을 감소시킬 수 있게 한다.

이후 수십 년 동안 식물 유전학자와 농업학자는 옥수수, 밀, 쌀 및 다른 작물들을 대상으로 고수율 품종[195]을 개발했다. 이러한 혁신은 점점 향상되는 거름, 관개 시스템,[196] 작물 순환 기술 및 기계화된 농장 장비와 함께 농작물 생산성의 엄청난 증가[197]로 이어졌다. 예를 들어, 1860년대부터 1930년대 후반까지,[198] 미국의 옥수수 생산량은 에이커 당 약 30 부셸(bushels)에 머물렀지만 오늘날 그 수치는 에이커 당 150부셸 이상에 도달하였다.[199]

그러한 기술적 도약 덕분에 20세기 후반에 이르러 이전에 영양 부족 상태의 수백만 명 세계 사람들과 동물들은 저렴하고 안전하게 그리고 믿을 수 있게 먹는 것이 가능하게 되었다.

이러한 농업 생산량의 놀라운 증가와 기술혁신에도 불구하고 약 8억 명의 사람들은 여전히 전 세계적으로 식량 부족 상태로 살고 있으며[200] 매년 5세 미만 300만 명 이상의 어린이들[201]이 기아로 사망한다. 식물 과학자들은 유전자 변형이 어떻게 농작물 생산성을 향상시킬 수 있는지 계속 연구하고 있으며 그들의 노력은 놀라운 결과를 만들어냈다. 이와 함께 자연 식물 변종(natural plant variations)으로 표현되는 자연 천재성(nature's genius)의 힘을 결합하는 것은 농작물 생산성 증가에 크게 기여한다. 초록 혁명의 가장 중요한 설계자 중 한 명은 볼라우그 노르만(Norman Borlaug)[202]이다. 그는 2002년에 미래의 인구 증가에 맞추기 위해 농작물을개선하는 것을 목표로 삼는다면, "전통적인 농경 방법과 생명공학 방법론 두 가지 모두"가 필요할 것이라고 언급했다.

1994년 미국 식품 의약국은 최초의 유전자 변형 식품(genetically modified food) 식물인 플레이버사브르(FlavrSavr) 토마토를 판매하도록 승인했다. 식물 생물학자는 펙틴(pectin)을 분해하는 토마토에 효소 생산을 억제하는 유전자를 세밀하게 추가함으로써 플라브르사브르가 기존의 토마토보다 더 느리게 숙성되도록 만들었다.[203] 효소(enzymes)가 다른 분자를 절단하는 단백질이라는 것을 상기하라. 이 유전자가 제대로 갖춰지면 플라브르사브르 변종은 토마토 줄기에서 더 오래 숙성될 수 있고 더 나은 풍미와 덜 손상되는 채로 식탁에 오르게 할 수 있다. 플라브르사브르는 상업적 성공을 거두지는 못했지만 식물 유전자를 직접 조작하는 것이 식량 작물 특성을 향상시킬 수 있고 식품의약국이 건강 위험에 대한 식품 평가를 할 수 있다는 사실을 처음으로 발표했다.

오늘날 미국에서 재배되는 옥수수, 면화와 콩 대부분은 병충해와 제초제에 저항할 수 있는 유전자 변형[204]을 가지고 있다. 미국 국립 과학 고등원(National Academy of Sciences; NAS)이 최근 보고한 바와 같이[205] 이러한 변형은 많은 혜택을 가져다주었으며 그 중 이러한 변형 작물 재배와 근처에서 재배되는 작물에 사용되는 살충제와 제초제의 양을 감소시켰다. 국립 과학 고등원 보고서는 또한 이러한 작물이 현재까지 모범적으로 재배되었을 경우에는 적어도 인간 건강에 악영향을 미친다는 증거를 아직 찾지 못했다고 설명한다.

분자생물학과 유전체학 기술을 통해 식물에서 특정 단백질을 암호화하는 특정 유전자를 구별할 수 있다. 식물을 곤충이나 바이러스 해충으로부터 보호하거나 가뭄이나 서리에 대한 저항력을 제공할 수 있는 단백질 등이 그것이다. 이와 비슷하게도 특정 유전자 돌연변이가 인간 질병의 원인임을 밝혀냈고 소수의 경우에서는 효과적인 치료까지 제공할 수 있는 약도 설계할 수 있게 되었다. 그러나 대부분의 특징과 질병은 단일 유전자나 단일 단백질 산물이 아니다. 그들은 훨씬 더 복잡한 유전적 토대 질병을 가지고 있다. 이러한 복잡성을 분석하려면 생물학과 공학 사이에 또 다른 종류의 해결 방안이 필요했다. 이는 최첨단 생물학적 지식과 최첨단 전산화 계산 기술을 결합하는 것이다.

한 가지 예로써 인간 게놈의 염기서열 분석을 들여다보자. 불과 30년 전만 해도 거의 상상할 수 없을 정도로 어려운 작업이었다. 그러나 계산 기술의 급속한 발전으로 가능하게 되었다. 이에 따라 DNA 염기서열을 결정하는 기술이 믿을 수 없을 만큼 빠르게 발전하였다. 또한 인류 게놈 프로젝트의 정보 기준 덕분에 오늘날 전 세계에서 질병의 유전적 요소와 질병에 대한 저항성을 확인하는 작업이 급속하게 진행되고 있는 것이다. 이런 종류의 탐색 작업은 종종 수만 개의 개별 게놈을 비교해야 한다. 예를 들어, 개인이 자폐증이나 정신분열증에 걸릴 수 있는 유전자[206]를 발견하는 프로젝트는 생물학자와 협력하여 60,000명 이상의 사람 게놈을 조사하고 고급의 생물정보학(바이오인포메틱; 컴퓨터공학)을 필요로 한다.

유익한 식물 특성을 위한 핵심 유전자를 발견하는 작업도 동일한 유형의 탐색 작업이다. 유전자를 조작함으로써 생물학자와 기술자는 고수익 작물을 생산하는 데 있어 물, 비료 및 살충제의 사용을 낮추는 획기적인 진전을 이루었다. 예를 들어 옥수수와 또 다른 작물들을 대상으로 천연 살충제를 생산하고 포함하도록 유전자가 변형되었다.[207] 토양에 사는 박테리아인 바실러스 튀링기엔시스(Bacillus thuringiensis; Bt)가 생산한 단백질 엔도톡신(endotoxin)이 그것이다. 유기농 농부들은 보통 바실러스 튀링기엔시스 단백질 제제를 사용한다. 농작물에 살포된 이 단백질들은 특히 농작물에 피해를 주는 곤충들을 막기 위한 살충제 역할을 하지만 다른 곤충, 인간 및 동물들에게 어떠한 부작용도 보이지 않는다. 옥수수와 또 다른 작물들은 바실러스 튀링기엔시스 내독소 유전자를 발현하도록 조작되었기 때문에 옥수수 벌목꾼, 뿌리벌레 유충 및 다른 곤충들의 공격에 저항력을 가지게 되었다. 면화와 콩의 바실러스 튀링기엔시스 변종[208] 또한 널리 재배되고 있으며 살충제 사용을 줄였다. 최근 분석에 따르면 우리 주변의 바실러스 튀링기엔시스 운반 작물(Bt-carrying crops)은 살충제를 덜 필요로 하는데, 이는 아마도 바실러스 튀링기엔시스 운반 작물이 주변의 곤충개체수를 꽤 많이 감소시켰기 때문일 것이다.

식물에 널리 사용되는 또 다른 유전자 변형은 제초제(herbicide)인 글리포세이트(glyphosate)에 저항하도록 만든다. 라운드업(Roundup)이라는 상표명으로도 알려진 글리포세이트는 식물(곤충, 조류, 포유류 또는 다른 동물에서는 아님)의 아미노산과 단백질 생성을 효과적으로 차단한다. 이것은 제초제와 접촉한 식물들의 빠른 죽음을 의미한다. 예를 들어 제초제 저항성(Herbicide Tolerant; HT) 옥수수 밭[209]은 옥수수만 손상시키지 않고 나머지 잡초 식물의 성장을 억제하기 위해 글리포세이트로 살포되어 있다. 이러한 종류의 잡초 방제는 경작을 위한 노동 필요를 줄여주기 때문에 상토 손실을 줄이는 데에도 중요하다. 제초제 저항성 작물의 광범위한 재배는 제초제의 사용을 줄였다. 그리고 글리포세이트의 안전성에 대한 우려[210]는 계속되고 야기되고 있지만 최근 국립 과학 고등원에서 검토한 결과, 적절한 사용의 경우에는 이러한 부작용은 막을 수 있다고 주장하기도 한다.

또 다른 농업 발전은 식물 영양 가치를 향상시키기 위한 새로운 전략을 포함한다. 비타민 A의 합성을 증가시킨 쌀 게놈에 두 개의 유전자를 추가함으로써 식물 과학자는 쌀의 영양가를 크게 향상시키면서 동시에 황금 쌀(Golden Rice)로 알려진 새로운 변종[211]을 만들었다. 이러한 기술 혁신은 비타민 A의 부족[212]으로 연간 50만 명 이상의 아이들이 사망하고 있는 개발도상국에서 많은 생명을 구할 수 있는 잠재력을 가지고 있다. 황금 쌀의 안전과 이점[213]을 입증하는 수많은 연구에도 불구하고 유전자 변형 식품에 대한 입증되지 않은 안전성에 대한 우려로 인해 사용이 금지되기도 했다. 예상컨대 이러한 우려는 쌀이 재배될 수 있는 나라들과 선진국에서 더 많이 제기되어 왔을 것이다. 수많은 과학적 연구와 논쟁 끝에 호주(오스트레일리아)와 뉴질랜드는 2018년에 황금 쌀 재배를 승인했지만[214] 방글라데시와 필리핀과 같이 가장 큰 혜택을 볼 수 있는 나라들은 많은 생명을 구할 수 있는 곡물임에도 불구하고 여전히 승인하지 않았다.

유전자 변형 작물의 안전성과 경제성에 대한 우려[215]는 실제 작물의 재배를 다소 늦추었지만 이는 당연한 것으로 여겨진다. 결국 어느 누구도 돌이킬 수 없을 정도로 해로운 영향을 끼치는 작물을 무심코 만들고 싶어하지 않는다. 하지만 2016년 국립 과학 고등원의 연구 보고서를 보면 지나치게 시간을 끌며 스스로에게 해를 끼칠 정도로 규제하고 있다는 것을 알려준다. 즉 연구에서 제시한 지침에 따라 유전적으로 조작된 작물들이 재배될 때 안전하다는 것을 말하고 있다. 이는 생명을 구하는 작물들이 오늘날 개발도상국에 도입될 수 있음을 잠재적으로 의미한다. 여기에는 복잡한 규제 승인을 완료하기 위해 필요한 추가적인 투자 지원도 포함된다. 경제적 이익이 너무 적은 카사바(cassava)와 같은 작물들도 그러하다.

최근 수십 년간 유전자 분야에 많은 발전을 이루었음에도 불구하고, 가뭄 저항성이나 곡물 크기 증가 및 농업 생산성에 영향을 미치는 복잡한 특성들[216]을 통제하는 핵심 유전자와 유전자의 상호작용을 식별하는 데 여전히 많은 어려움을 겪고 있다. 다행히도 많은 수의 식물 변종의 표현형을 선별하기 위해 새로운 기술을 사용하고 있다. 따라서 점점 효과적인 분석 방법으로 눈을 돌릴 수 있게 되었다. 이것이 댄포스 센터에서 사용하는 접근 방식이다. 여기서는 최첨단 영상 및 컴퓨팅 기술이 수백 심지어 수천 개의 식물의 물리적 특성을 기록하고 분석하고 비교하는 데 활용되고 있다. 고속 처리량 표현형(high-throughput phenotyping)으로 알려진 이 과정[217]은 실험실 환경에서 개발되었으며 농업 작물의 중요한 현장 적용을 위해 현재 개발 중에 있다.

원하는 성질을 발현하기 위해 유전 공학적으로 또는 전통적으로 식물을 번식시키는 과정은 매우 어려운 문제로 남아 있다. 현재의 접근법은 유용하고 생산적이지만 유전자 변형 식물에 대한 복잡한 형질의 핵심 유전자를 식별하는 것이 어렵다. 그리고 본질적으로 생산성이 높은 식량 작물을 생산할 수 있는 가능성은 여전히 제한되어 있다. 그래서 농업 생산성을 더 높이고 더 빠르게 증가시키기 위해 최근 다른 분석 방법으로 눈을 돌렸다. 즉 현대 공학 기술을 사용하여 수백 또는 수천 개 정도의 대상에서 원하는 특성을 가진 몇 안 되는 식물 변종을 빠르게 선별하는 것이다.

사실상 농부들은 더 생산적인 식물 변종을 선택하고 번식시키기 위해 이전의 농업 방법으로 돌아가고 있다. 하지만 이제는 개별 유전자를 발현하는지 여부뿐만 아니라 원하는 물리적 특징의 전체 집합, 즉 표현형을 발현하는지 여부에 따라 많은 수의 식물 후보군을 관찰하고 분류할 수 있는 방법이 필요하게 되었다.

예를 들어, 선충류(nematodes, 작물 파괴 유기체)에 대해 내성 특성을 가진 야생 친척들을 조사하기 위해서는 기하급수적 계산량이 요구되었다. 하나의 예로, 중국에서 생산된 야생콩(역자 주: 야생콩의 원산지는 한반도와 만주인데, 이를 나타내는 지명이 두만강(豆滿

江)이며 뜻은 "콩이 가득한 강"이라는 뜻을 품고 있다)을 미국에서 널리 재배되는 생산 변종과 교차할 경우 선충류 저항성에 기대할 수 있다.[218] 40,000개에 가까운 서로 다른 유전자가 혼합[219]된 두 유전자형 조합은 놀라운 숫자의 표현형 배열을 만들며 그 중 일부만이 최적 특징을 가지고 있다는 사실을 알았다. 대규모 계산 처리가 수반되는 자동화 계산방식은 건초더미에서 바늘 하나를 식별할 수 있는 능력에 버금가는 작업이다. 하지만 그것마저도 단지 출발점일 뿐이다. 농부들이 균일하고 믿을 수 있는 작물을 생산하기 위해서는 씨앗을 밭에 심기 전에 먼저 여러 세대에 대한 번식 및 선택의 실험이 반드시 뒤따라야 할 것이다. 융합기술(convergence technologies)이 도움이 되는 것은 바로 이 분야이다. 융합기술은 번식에서 새로운 작물을 수확하는 데 걸리는 시간을 상당히 단축할 수 있다.

이 새로운 접근 방식은 최첨단 기술을 사용한다. 첫째 이미지 기반의 식물 표현형 방식(image-based plant phenotyping methods)으로 물리적 특성을 기록하고, 둘째 이러한 영상 기술을 수백 또는 수천 개의 식물 중에서 고속 처리 표현법(high-throughput phenotyping)의 규모를 확장한다. 댄포스 센터의 벨웨더 파운데이션 표현형 시설(Bellwether Foundation Phenotyping Facility)에서는 실험실 환경 기반의 높은 처리량 기법이 개발 중이며 현장 적용 실험을 위한 연구 개발이 한창이다. 표현형은 식물 전체 수명 주기에 걸쳐 나타나기 때문에 이러한 공학적 기술은 단일 식물 특성을 반복적으로 측정하고 전체 표현형을 정확하게 조합할 수 있는 능력을 갖추어야 한다. 그리고 다른 식물의 표현형과도 비교될 수 있도록 기술을 제공한다.

유전체학(genomics)과는 달리 표현형 데이타는 비선형적이며 시간과 공간 모두에서 다양한 방식으로 수집된다. 이것이 의미하는 바는 더 달콤한 옥수수나 가뭄에 강한 밀을 찾기 위해서는 식물의 전체 수명 주기를 관찰하고 모든 종류의 질문에 대답해야 한다는 것이다. 가장 실행 가능하고 가장 생산적인 변종을 선택하기 전에 식물 표현형을 충분히 평가해야 한다는 의미이다. 비가 너무 많이 오거나 너무 적게 오게 되면 식물은 어떻게 반응할까? 더 많은 비료를 가지면 번성할 것인가 아니면 덜 번성할 것인가? 그들 중 얼마나 식품으로 수확할 수 있나? 그것의 영양가는 얼마인가? 그것은 어떻게 생겼고 맛이 어떤가?

최근까지 이런 종류의 정보를 수집하고 연구할 수 있는 방법에는 많은 제약이 있었다. 20세기의 위대한 옥수수 유전학자인 맥클린톡 바바라(Barbara McClintock)[220]는 잡종 옥수수 식물들 사이를 걸어 다니며 잎의 질감을 느끼고 자라나는 새순 크기와 색을 살피고 씨앗 패턴을 주의 깊게 주목한 것으로 유명하다.

오늘날의 과학자들과 농부들은 이와 같은 종류의 일을 하기 위해 드론과 위성사진으로 눈을 돌리고 있다.[221] 수백 에이커의 농작물에 걸쳐 정기적으로 밭을 감시하고 그것들의 특정한 관심 영역이나 상태를 기록하고 이에 더해 전문화된 카메라를 장착하여 측정에 사용하고 있다. 식물들은 광합성을 하기 위해 얼마나 많은 물을 필요로 하는지 측정한다. 하지만 이런 종류의 데이타 수집에는 한계가 있다. 현장에서 단일 작물을 모니터링하는 것조차도 여전히 현재까지는 기술적 한계를 나타내고 있다. 더군다나 전 과정에 걸쳐 전체 작물 공장을 추적하는 것은 특히 어려운 일이다. 실제로 작물을 개선하기 위해 개별 식물에 초점을 맞춘 고속 처리 표현법은 이제는 대규모 게놈 데이타를 사용하는 단계가 되었다.

무슨 뜻인지 알기 위해 멀리 떨어진 두 식물 변종이 적은 물로 번성할 수 있는 새로운 변종을 만들어 낼 수 있는지 실험을 실시한다고 상상해 보자. 이 실험은 완두콩 식물을 교배하는 멘델의 실험과 약간 비슷하지만 중요한 차이가 있다. 멘델은 매우 동종화된 식물을 사용했고 이것은 그들의 자손에서 가능한 결과 범위로 제한된다. 비록 그 제한된 결과에도 불구하고 그 당시 그는 수백 개의 식물들을 검사해야만 했다.

우리의 실험에서는 모식물은 더 넓은 범위의 유전자 정보에 기여할 것이며 이는 자손들 사이에서 더 많은 표현형을 생성할 것이다. 문제는 모식물의 이전 분석으로부터 처음에는 어떤 유전자가 가뭄 내성에 기여하는지 알 수 없다는 것이다. 최선의 추측은 자손의 1% 정도만이 우리가 찾는 특성을 나타낼 수 있다는 것이다. 식물 생존 기간 동안 서로 다른 시기에 수분 부족의 영향을 시험해 볼 수도 있다. 그리고 만약 토마토나 콩 같은 식품에 관심이 있다면 발아부터 그 식물(제품)의 생산에 이르기까지 식물의 전 과정을 추적하고 싶을 것이다. 예를 들어 자손의 1%에서 나타나는 희귀한 효과는 아마도 성장기에 걸쳐 수백 개의 식물에 대한 조사를 여러 번 필요로 할 것이다. 물, 빛 및 온도 민감도와 같은 변수들을 포함시키기 위해 수천 개의 식물들을 모니터링할 필요가 있을 것이다. 간단한 실험으로 보일 수 있는 것이 갑자기 매우 복잡해진다.

최근까지 바바라 맥클린톡(Barbara McClintock)의 방식으로 이를 수행할 수 있었다. 즉 식물 진행 상황을 매일 하나씩 시각적으로 모니터링하는 것이었다. 하지만 오늘날은 식물 표현형을 기반으로 훨씬 더 빠르고 효율적으로 식물을 관찰하고 분류할 수 있는 관찰 기술을 개발하고 있었다. 나는 직접 보기 위해 댄포스 식물 과학 센터(Danforth Plant Science Center)와 이 장의 첫머리에서 설명한 매혹적인 생장 하우스를 방문하기로 결심했다.

2017년 어느 가을 아침 일찍 여행길을 나섰다. 세인트루이스(St. Louis)로 접근하던 중 비행기가 구름 밖으로 빠져 나왔다. 이때 창밖으로 세계에서 가장 풍요로운 농경지를 내려다 바라보았다. 끝없이 펼쳐진 푸른 그늘의 들판들이 차지하고 있는 평평한 지대 평야와 들판 중간을 가로지르고 있는 도로와 철로 그리고 작은 마을과 도시들이 서로 아주 멀리 떨어져 있는 것을 바라보았다. 그 풍경은 마치 바다와 같은 느낌이 들었다. 그 바다 가운데에 거대한 대도시 섬인 세인트루이스가 있었다.

농업은 이 지역 경제에 중요한 역할을 한다. 세인트루이스와 주변 지역은 미국의 가장 중요한 식품 회사들의 본사가 있는 곳이었다. 이러한 점 때문에 워싱턴 대학교 및 미주리 대학교 캠퍼스와 연구 센터들은 농업 전문가들로 가득했다. 댄포스 센터 설립자들은 "식물 과학(plant science)을 통해 인간의 삶을 개선시키는"[222] 임무를 수행할 수 있는 시너지 효과를 극대화하기 위해 여기의 장소를 선택했다.

댄포스 센터에서 저명한 연구자 중 한 명인 켈로그 엘리자베스(Elizabeth Kellogg) 박사를 만났다.[223] 그는 식물 생물학자이며 엄청난 관심과 통찰력을 가지고 있었다. 엘리자베스는 2014년 댄포스 센터에 입사하여 워싱턴 대학교와 미주리 대학교 세인트루이스 캠퍼스 두 곳에서 모두 임용되었다. 곡류와 잔디 식물을 연구하는 데[224] 그의 연구경력 모두를 바쳤다. 인간은 먼 옛날부터 곡물 재배를 정착시켜 왔다.[225] 곡물 영양과 인류 문명을 농업의 역사로부터 추적할 수 있다.

엘리자베스는 미주리 평원에 있는 가을의 황금빛 토착 식물과 부드러운 야생 풀, 덤불 및 나무들 이야기로 나의 관심을 끌면서 동시에 주변을 빠르게 둘러 보여주었다. 프레리 식물은 유럽인들이 미주리주에 도착하기 전에 이 지역 숲에 뒤섞여 있던 식물이다. 이는 주변 씨앗에서 나왔고 원래 이곳 초목들을 대표한다. 엘리자베스는 댄포스 센터 프로젝트를 설명하면서, 최근에 개발된 표준화 조경 식물(standard landscaping plants)들이 이 지역 생태 역사를 반영하는 식물들로 교체된 것에 대해 기쁨을 감추지 못했다. 조금 떨어진 곳에는 온실이 즐비한 작은 마을이 있었고 그 너머에는 여러 농업회사 본사와 초원과 미개발 잔디밭 등이 있었다.

본관에 들어서자마자 건물의 개방성에 감탄했다. 창문을 통해 온실과 저 너머 들판까지 한눈에 들어왔다. 새로운 발견에 대한 다른 접근 방식을 도출하기 위해 모범적인 기업 본사 창문 배치마저도 획기적으로 전환했다는 것을 서서히 깨달았다. 출입구가 건물을 통해 멀리 보이는 것 외에도 식사 및 회식의 중심지 역할을 하는 대규모 집결 장소도 바로 개방되어 있었다. 엘리자베스는 댄포스 센터의 핵심은 조직간의 협업에 있다고 설명했다. 건물 내에서 과학자, 학생 및 기술진뿐만 아니라 센터, 대학 및 지역 내 농업 비즈니스 기관과 댄포스 대학(역자 주: 워싱턴 대학교 세인트루이스의 댄포스 캠퍼스의 줄임말)의 많은 과학자들이 함께 자리를 잡고 있었다. 방문 기간 동안 소개받은 프로젝트, 방문한 시설 및 장기 목표 등은 모두 공동 노력의 일부였다. 협업 정신이 댄포스 센터에 활력을 불어넣고 있었다.

연구시설 투어 끝에 엘리자베스가 나를 댄포스 센터의 회장인 캐링턴 짐(Jim Carrington) 박사에게 데려갔다.[226] 거의 12명의 연구원들이 모여있는 회의실에서 짐을 만났다. 그들의 연구에 대해 설명을 듣기 위해서다. 유명한 식물 분자 생물학자인 짐은 글로 표현하듯이 정확하게 말을 했다. 그는 복잡한 생각들을 가장 중요하고 가장 이해하기 쉬운 기초적인 언어로 표현하는 능력을 가지고 있었다.

짐은 작물 재배를 통해 식량을 빠르게 생산하는 과제를 소개하며 토론을 시작했다. 그는 "오늘날의 방법과 기술만을 이용해 2050년에 예상되는 세계의 요구를 충족시키려면 적어도 아프리카와 남아메리카 대륙을 합친 만큼의 농지가 추가로 필요할 것"이라고 말했다. 짐 연구팀은 세계 인구를 지속해서 먹여 살릴 수 있는 새로운 방법을 찾고 있었다. 즉 댄포스 센터는 환경 발자국(environmental footprint)을 늘리지 않고서 수많은 공유 시설을 사용하여 미국과 전 세계 농작물 생산성을 높이기 위한 기술과 전략을 개발하고 있었다. 그것은 다면적이고 다학문적인 노력이지만 그 모든 것의 밑바닥에는 오늘날 식물 안에 존재하는 자연적인 유전자 변이를 탐구해 내일의 더 나은 작물을 설계하는 데 도움을 주는 강력한 아이디어가 있다고 설명했다. 짐은 자연의 천재성으로부터 배울 점이 많다고 말했다. 식물의 유전적 복잡성은 유전자 변형과 표적 번식을 통해 더 나은 식물 변종을 도출할 수 있는 가능성의 보물창고이다. 그러나 많은 식물들이 일생 동안의 과정을 시험하는 선택 과정을 사용할 수 있을 때에만 이러한 일을 성취할 수 있게 된다.

짐이 그 방에 있는 과학자들에게 소개하였고 과학자는 식물 변이를 평가하기 위해 현재 운영하는 많은 프로젝트들을 소개해주었다. 한 과학자는 식물에서 유전자 발현을 억제하기 위해 RNA를 사용하는 가능성[227]을 탐구하고 있었다. 이것은 매력적인 아이디어이다. 침입하는 곤충을 죽이는 독소처럼 어떤 특성을 나타내는 유전자를 추가하는 것(Bt 단백질)보다 특정한 유전자 활성화를 끄고 원하는 특성만을 드러내기 위해 억제 RNA를 배치할 수 있을 것이다. 또 다른 과학자는 자동차 산업과 항공기 산업에서 금속 피로를 탐지하는 데 사용되는 X-선 기술을 적용[228]하여 식물 공장의 뿌리 시스템 성장을 이미지화하고 측정했다. 이는 카사바나 감자와 같은 뿌리와 덩이줄기 작물에 매우 중요한데 이 작물들은 보통 토양 표면 아래에서 자라기 때문이다. 완두콩과 같은 식물들은 뿌리에 질소를 축적하는데 이것은 토양이 질소 함량을 많이 축적할 수 있다는 것을 의미한다. 이것이 클로버와 같은 질소를 고정하는 작물의 순환이 중요한 이유중 하나이다. 현재 질소에 대한 수요의 대부분은 비료에 외인성 질소를 살포함으로써 충족[229]되지만 만약 댄포스 과학자와 같이 이 과정을 더 잘 이해하고 뿌리 영상 기술을 사용할 수 있다면 스스로 질소를 축적하는 일부 식물들의 능력을 증폭시킬 수 있을 것이고 이것은 농부들의 질소 비료에 대한 수요를 낮출 수 있게 할 것이다.

회의가 끝난 후 댄포스 과학자인 바트 베키(Becky Bart), 테일러 나이젤(Nigel Taylor)과 함께 표현법(페노타이핑, phenotyping), 현미경(microscopy), 생물정보학(bioinformatics), 단백질학(proteomics), 질량분석학(mass spectrometry) 및 식물 조직 배양(plant tissue culture)에

관한 댄포스 센터의 전문 시설들을 방문했다.[230] 고급 실험실을 들여다보고 43개의 실험 스테이션과 84개의 댄포스의 생장 하우스 단지[231]를 방문했다.

우리는 생장 하우스에 도착했다. 여기서 내가 본 춤추는 식물들과 함께 복잡한 경로로 컨베이어 벨트를 따라 이동하도록 설계된 장면은 잊을 수 없다. 바트와 테일러는 "생장 하우스의 가장 중요한 특징은 과학자들에게개별 식물 수준에서 조작과 계산 제어 능력이다"라고 설명했다. 이것은 수많은 실험 변화를 제공하며 여러 실험을 동시에 실행할 수 있게 한다. 6주 동안 지속될 수 있는 단일 실험 실행에서 여러 다른 식물 품종이 동일한 조건에서 시험될 수도 있고, 단일 품종 식물이 여러 가지 형태의 물주기 또는 변화 조건에 대한 반응을 실험할 수도 있다. 과학자들은 적합하다고 생각하는 패러다임을 섞고 혹은 일치시킬 수 있다. 예를 들어, 어떤 유전자형이 가장 좋은 표현형을 만들어내는지 결정하기 위해 잘 특징지어진 단 한 번의 실험으로 유전자형이 다른 몇 가지 식물에 대해 5가지의 가뭄 조건을 동시에 시험할 수 있다. 이것이 오늘날 식물학 발전의 핵심 질문이다. 이런 실험이 빨리 이뤄질수록 농업 생산성은 더욱 높아질 것이다. 앞으로 몇 년 동안 가뭄 문제는 농업에 가장 중요한 도전 과제가 될 수 있기 때문에[232] 생장 하우스에서 행해진 수많은 실험은 가뭄에 대한 저항력을 시험한다.

생장 하우스를 떠날 때 바트와 테일러는 댄포스 센터의 새로운 결과물 중 하나를 보여주었다. 그것은 그레이스(Grace)라고 이름 붙인 산업용 로봇 팔이었다. 약 10피트 높이로 서 있는 그레이스는 식물 생장 과정 동안에 다양한 특성을 포착하기 위해 다양한 종류의 카메라를 사용하여 다양한 각도에서 식물을 완전히 촬영할 수 있었다. 로봇은 모든 진동을 제거하는 플랫폼에 고정되어 있기 때문에 가능한 최고 수준의 해상도로 이미지를 촬영할 수 있다. 그레이스는 곧 식물들이 댄포스 센터의 생장 하우스에서 반드시 들려야 하는 많은 곳 중 하나가 될 것이다.

이미징 기술은 생장 하우스의 핵심이다. 그곳에 배치된 카메라 종류에는 식물 크기와 잎 무늬를 포착할 수 있는 표준 조도 카메라(standard-light cameras), 식물의 빛을 흡수하고 스트레스 반응을 측정할 수 있는 형광 조도 카메라(fluorescent-light cameras) 그리고 수분 함량을 감지할 수 있는 적외선 카메라(infrared-light cameras) 등이 있다. 하지만 이미징은 단지 첫 단계일 뿐이다. 이러한 다양한 카메라로 촬영된 모든 이미지는 최첨단 컴퓨터를 사용하여 수치로 압축된다. 즉 컴퓨터가 분석해야 하는 데이타의 양을 줄여야 한다.

오늘날 댄포스 센터의 생장 하우스와 같은 실내 표현식 시설(indoor phenotyping facilities)에서는 하루에 수백 개의 식물 데이타를 수집하는 것이 가능하다. 표현형에 따라 식물 한 개당 약 1시간 이상이 소요되는 기존의 수작업에 비해 크게 개선된 것이다.[233] 그러나 이러한 새로운 실내 시설들이 수집할 수 있는 데이타양이 너무 방대해서 이를 처리하려면 최첨단 컴퓨터뿐만 아니라 이미지 처리를 위해 특별히 작성된 정교한 소프트웨어도 필요하다. 댄포스 과학자들은 이러한 목적을 위해 플랜트시브이(PlantCV)라는 자체 소프트웨어[234]를 개발하여 전 세계 연구자들에게 오픈 소스 리소스로 제공하고 있다. 댄포스에서 늘 그렇듯이 협업이야말로 게임의 또 다른 이름이다.

지금까지 실험실 안에서의 실험은 좋았지만 궁극적인 목표는 식물을 밭에서 재배하면서 연구하는 것이다. 이를 위해 댄포스 센터의 우수 연구원 모클러 토드(Todd Mockler)[235]는 애리조나주 마리코파(Maricopa)에 현장 시험 시설[236]의 대규모 컨소시엄을 이끌고 있다. 마리코파 시설은 댄포스 센터의 생장 하우스와 약간 비슷하다. 애리조나 대학교의 마리코파 농업센터와 농무부의 건조지 연구소에 위치한 15명 이상의 협력자들로 구성된 재생 가능한 농업 표현식 기반의 플랫폼 운송 에너지 자원(Transportation Energy Resources from Renewable Agriculture Phenotyping Reference Platform; TERRA-REF)[237] 모임은 폭 20m와 길이 200m 크기의 실험 농지를 개발하였다. 이는 세계 최대 규모의 현장 들판 기반의 표현식 시설이다.

이 밭에서는 최대 80,000개의 개별 식물(individual plants)을 실험할 수 있으며, 400여 종의 유전자 변형을 관찰할 수 있다. 이 들판은 강철 레일에 장착된 금속 갠트리(gantry)를 포함하는 림나텍 필드 스캔 분석기(Lemnatec Field Scanalyzer; LFS)라고 불리는 복잡한 장비 시스템에 의해 운용되며, 필드 전체 길이를 따라 앞뒤로 미끄러지듯 움직인다. 갠트리에는 식물의 이름, 크기, 성장률, 잎 패턴, 색상, 모양, 작물 수확량, 내병성 및 수분 보유 등 다양한 표현형 데이타를 수집하는 정교한 카메라가 탑재되어 있다. 가장 중요한 것은 이러한 데이타는 성장 및 성숙 과정에 걸쳐 매일 각개별 식물에 대해 기록된다는 것이다. 마리코파 시설도 생장 하우스와 마찬가지로 새로운 이미징과 고속 계산 기능을 사용한다. 매우 높은 해상도로 식물별로 분석하여 다양한 품종을 심은 넓은 들판 밭의 어려운 문제를 해결한다.

환경 조건뿐만 아니라 식물 특성을 나타내는 데이타를 고해상도로 획득한다는 것은 현장의 상황을 빠르게 표현함을 의미한다. 모클러가 말한 바와 같이 마리코파(Maricopa) 시스템은 길게는 두 달 동안 현장에서 개별 식물들이 성장하는 전 과정의 데이타를 획득하도록 설계되었다. 일단 방대한 데이타가 수집되면 시설을 운영하는 과학자들은 기계 학습과 다른 종류의 인공 지능(Artificial Intelligence; AI)[238]을 포함한 진보된 계산 방법[239]을 사용하여 데이타를 빠르게 분석한다. 이 모든 과정을 통해 미래 번식을 위한 최고 식물 품종 몇 가지를 식별할 수 있다. 일부 식물들의 경우 30일 이내에 이러한 시설 덕분에 식물 표현형(phenotype)으로부터 미래 수확량을 예측할 수 있다. 마리코파 과학자들이 하고 있는 작업은 차세대 유전자 변형(genetic modifications) 핵심 유전자와 생물학적 과정을 추가로 규명할 수 있는 기초 자료를 제공하는 것이다.

금세기 초에 유전자형(genotyping)과 표현형(phenotyping) 혁명은 이미 괄목할 만한 발전을 이루었다. 미국 농무부가 최근 발간한 보고서[240]에 따르면 2017년 미국에서 옥수수와 면화를 위해 경작되는 에이커의 90% 이상[241]이 유전자 변형 변종(modified variants)을 사용했는데, 이는 면화의 경우 60% 미만, 옥수수의 경우 30% 미만이었던 2000년과 비교해 보면 그 수치가 극적으로 증가한 것이다. 그럼에도 불구하고 이러한 극적인 발전조차도 앞으로 수십 년 동안 전 세계의 증가하는 인구를 먹여 살리기 위해서는 우리가 필요로 하는 생산량의 수준에 미치지 못한다.

개발도상국에서 매우 중요한 작물인 카사바(cassava)를 생각해보자. 이 식물은 척박한 토양에서 자라고 가뭄에 저항한다. 이것의 뿌리는 큰 덩이줄기를 생산하며, 이것은 열대지방의 5억 명 이상의 사람들에게 가장 중요한 주식[242] 중 하나가 되었다. 카사바는 주로 자급자족하는 농부들에 의해 재배된다. 경제적 측면에서 보면, 옥수수, 콩 및 목화와 같은 상품 작물은 수확량 증가를 이끌어낸 반면에, 여전히 카사바는 농업 투자를 끌어오지 못하고 있는 실정이다.

댄포스 센터(Danforth Center)는 유전형 분석과 표현형 선정을 통해 카사바 품종을개선하는 연구 프로그램을 수행하고 있다. 앞서 만난 과학자 중 한 명인 테일러 나이젤(Nigel Taylor)은 최근 몇 년 동안 이 중요한 작물의 수확량이 급감하고 있는데, 이는 아프리카 동부와 중앙의 농부들에게 식량과 경제적 안보위협하고 있다고 말한다. 시작은 곤충 전염 바이러스성 질병인 카사바 갈색 줄무늬 질병(CBSD, Cassava Brown Streak Disease)[243]이라고 설명했다. 테일러는 이 질병을 퇴치하기 위해 가장 효과적인 접근법은 유전자 억제가 가장 가능성이 높다고 말했다. 카사바 갈색 줄무늬 질병을 일으키는 바이러스로부터 유전자 염기서열을 발현하기 위해, 식물이 유전적으로 변형되면,[244] 그 유전자는 식물의 본질적인 질병 인식 메커니즘을 촉발시켜 방어 시스템을 강화시킨다. 예방접종처럼 식물은 감염 즉시 그 질병에 감염되기 전에 병원체를 앞다투어 공격할 수 있게 된다.

테일러는 어떻게 댄포스 센터 온실 하우스 내에서 프로젝트를 수행했는지에 대해서도 설명해주었다. "그들 작업은 댄포스 센터뿐만 아니라 우간다와 케냐 과학자들과 정부 기관들을 참여시키는 아프리카를 위한 바이러스 내성 카사바(Virus Resistant Cassava for Africa; VIRCA) 프로젝트와 아프리카를 위한 바이러스 내성 카사바 플러스 프로젝트의 일부이다"고 설명해 주었다. 2008년부터 질병 내성을 촉발하는 최상의 유전자 서열을 식별하기 위해서 현장에서 카사바 갈색 줄무늬 질병을 일으키는 바이러스를 처음 분리했다. 그러고 나서 이 염기 서열들을 수백 개의 카사바 식물 게놈에 주입했고 주입된 유전자에 대하여 보다 안정적이고 강력하게 나타내는지 살펴봤다. 결국 어떤 식물들이 그 질병에 가장 잘 저항하는지 연구했다.

궁극적으로 25개의 유망한 카사바 식물 종류를 확인했고 국제 협력 사업의 일환으로 카사바 갈색 줄무늬 질병이 특히 심한 우간다에서 제한된 현장 테스트를 통해 이러한 종류를 심었다.

1차 테스트 후 컨소시엄은 우간다와 케냐의 여러 장소에서 연속 재배 주기에 걸쳐 반복 테스트를 실시하기 위해 약 6개의 종류를 다시 선정했다. 최고의 식물들은 카사바 갈색 줄무늬 질병에 대한 내성이 있어야 할 뿐만 아니라 농업인이 요구하는 양과 질을 담보하는 수확량만큼 생산될 필요가 있었다. 이로써 이들의 선정은 최종적으로 2개 종류로 좁혀졌고 현재 양국 규제기관이 요구하는 추가 평가 절차가 진행 중이다. 이 평가는 옥수수, 콩 및 면화와 같은 다른 유전자 변형 작물을 평가하고 승인하기 위해 수백 차례에 걸쳐 수행된 평가와 유사하게 식품, 사료, 환경 및 안전에 대한 국제 표준을 따른다. 만약 모든 것이 잘 진행된다면 동아프리카의 농부들은 빠르면 2023년에 이 새로운 변종을 무료로 구입할 수 있을 것이다.[245]

빠른 속도의 이미징 연구는 보다 유용한 방법으로 카사바 문제를 해결할 수 있게 해줄지도 모른다. 즉 X-선을 이용한 식물의 뿌리 이미징 기법은 현재 개발 중인 기술 중 하나로 땅 속에서 자라는 뿌리의 이미지를 X-선 기술을 사용하여 촬영한다.[246] 이것은 중대한 발전이 될 것으로 예상된다. 지금까지는 식물 표현형에 대한 연구는 대부분 쉽게 시각화할 수 있는 새싹과 잎만을 대상으로 분석해왔다. 그러나 카사바와 같이 뿌리 혹은 덩이줄기 작물의 경우 새싹과 잎은 식품 식물의 품질과 수확량을 결정하거나 카사바 갈색 줄무늬 질병과 같은 뿌리 파괴 바이러스를 모니터링하는 데에는 효과적이지 않았다. 따라서 카사바의 뿌리 이미지 기법을 개발하는 것은 카사바 갈색 줄무늬 질병과 다른 수확량에 영향을 미치는 요소들을 훨씬 더 정확하게 관찰할 수 있게 하고 질병을 퇴치하기 위한 새로운 전략 개발을 촉진한다.

또한 카사바의 유전자 변형은 카사바의 영양적 가치를 증가시킬 수 있는 가능성을 제공한다. 카사바 뿌리는 훌륭한 칼로리 공급원이지만[247] 필수 영양소를 매우 적게 함유하고 있다. 세계보건 기구(WHO)에 따르면 카사바가 주요 식품 중 하나인 여러 나라에서 어린이와 여성의 상당수는 여전히 빈혈이라고 한다. 변형되지 않은 카사바는 영양실조를 막기에는 너무 낮은 수준의 아연과 철분을 함유하고 있기 때문에 이 문제를 도울 수 없다. 그러나 아프리카를 위한 바이러스 내성 카사바 플러스 프로젝트 국제 팀은 영양실조 인구를 위해 철분과 아연을 더 많이 공급하는 새로운 품종을 개발했다. 이 컨소시엄의 장기 목표는 영양적으로 향상되고 질병 내성이 있는 카사바 품종의 개발이다.

개발도상국과 선진국 모두를 위해 카사바와 다른 작물들을 개선하고자 개별 유전자에 대한 이해, 발현 및 안정성을 조절하는 복잡한 메커니즘은 앞으로 더욱 적극적으로 이용될 것이다. 하지만 오늘날 다유전자 특성 규제(multigenic regulation)를 고려할 때 유전자 표현형에 대한 더 깊은 이해가 필요하다. 그리고 댄포드 센터에서 보았던 고속 정보 처리량 기술이 더 많이 필요할 것이다. 또한 정확하고 신속한 식물 특성 측정 및 기록 방법 그리고 방대한 양의 데이타를 분석하는 계산 도구들이 더욱 요구될 것이다.

아직 농작물에서 추구하는 모든 복잡한 특징들을 결정하는 유전자를 정확하게 알지 못한다. 하지만 놀라울 정도로 강력한 방법으로 생물학과 공학을 농업에 집결한 결과 그 날이 곧 올 것이라고 확신할 수 있다. 내가 탄 비행기가 세인트 루이스에서 이륙할 때 그 생각은 나에게 큰 희망을 주었고 우리에게 그 도전이 전적으로 달려있다고 생각되었다. 풍요로운 농경지 전망이 우리 눈앞에 펼쳐져 있으므로 멀지 않아 전 세계 95억 명 이상의 사람들[248]에게 저렴하고 영양가 있는 음식을 제공할 수 있는 기술을 가지게 될 것이다.

제 7 장

다시 한번 멜서스를 이기다

1937년 콤프턴 테일러 칼이 MIT 대학교 총장으로 취임한 지 7년 만에 전자 발견 40주년을 기념하는 "전자: 지적 사회의 중요성"이란 흥미로운 글을 썼다.[249] 이때에 1897년 물리학자 조지프가 전자 입자를 확인했을 뿐만 아니라 전류에 대한 원인도 밝혀냈다는 사실을 독자들에게 다시 한번 상기시켰다. 그 당시 물리학자는 원자가 현존하는 가장 작은 입자이며 모든 물질의 구성요소라고 생각했다. 하지만 조지프의 전자 발견은 그러한 생각을 산산조각 냈다. 조지프는 1906년 전자의 발견으로 노벨상을 받았다.[250] 그럼에도 불구하고 5년이 지난 후에도 여전히 일부 물리학자들은 그 혁명적 의미를 받아들이기를 거부했다고 칼 박사는 지적했다.

조지프의 발견으로 대서양 횡단 메시지를 보낼 수 있는 라디오, 장거리 전화 서비스, 광전 및 광전기 장치 등 거의 모든 분야로 마법적인 전자 기술(Electronic)들이 확장되어 나갔다. 카메라와 망원경의 움직임을 감지하고 사진 필름을 대체하기 위해 사용되며 사운드 트랙이 있는 영화 등이 출시되었다. 이러한 관점에서 칼은 전자를 "지금까지 이용된 도구들 중 가장 다용도적인 도구"라고 선언했지만, 여전히 그 발견의 영향을 잘 느끼지 못하고 있다고 주장했다. 그가 옳았다. 1937년에 그 당시에 어느 누구도 전자 산업이 앞으로 어떻게 될 것인지 또는 그 산업이 20세기의 컴퓨터와 정보 산업 그리고 현재 보편적으로 디지털이 가능한 세계라는 기술 변혁을 어떻게 변혁시킬지 여전히 예측하지 못하고 있었다.

조지프의 발견은 새로운 기술뿐만 아니라 새로운 발견으로 가는 문을 열었다. 그가 앞장서서 걸어가는 길을 따라 여러 과학자들은 아원자 세계에 대한 연구를 시작하였고, 마침내 원자의 나머지 구성 요소인 중성자와 양성자를 발견했다. 그리고 거기서 멈추지 않았다. 마침내 중성자와 양성자 자체가 쿼크(quarks)와 글루온(gluons)과 같은 더 작은 구성 요소[251]를 가지고 있다는 것을 알게 되었다.

아원자 입자의 발견은 새로운 핵물리학의 분야를 열었고 이후 원자력 발전소에서는 전기를 발생시키게 되었다. 이후 핵의학에서 나오는 놀라운 영상처리 능력을 포함한 모든 종류의 혁명적 기술로 이어졌다. 그러나 새로운 발견이 종종 그렇듯이 이러한 발견 당시 과학자들은 그들의 연구가 궁극적으로 무엇을 만들어낼지에 대한개념이 거의 없었다. 핵물리학의 아버지[252]로 널리 알려진 러더퍼드 어니스트(Ernest Rutherford)는 1909년에 양성자를 발견했고 1911년에 원자핵을 설명했다. 그러나 그는 1933년에 "이 원자의 변형으로부터 어떠한 힘의 원천을 기대하는 사람은 누구나[253] 어리석다"라고 주장하면서 그의 연구가 갖는 실질적인 의미를 그 자신도 예측하지 못했다. 그러나 20년이 채 지나지 않은 1951년에 미국은 아이다호 국립 연구소(Idaho National Laboratory)의 원자력 발전소[254]에서 전기를 생산했다.

러더퍼드 자신조차도 본인의 발견을 실용적으로 사용할 것을 예상하지 못하였다는 것은 흔한 이야기다. 아무리 노력해도 우주의 근본적인 현상에 대한 어떤 통찰이 미래 기술의 기초를 제공할 것인지를 정확하게 예측하지 못한다. 그럼에도 불구하고 인적이나 경제적 이익을 가져올 수 있는 새로운 기술 개발을 위해서는 근본적인 발견이 필요하다. 1850년대 영국의 재무장관 글래드스톤 윌리엄(William Gladstone)[255]은 패러데이 마이클(Michael Faraday)의 전기와 전자기학 거동에 대한 획기적 발견에 회의적인 입장을 표명했다. 결국 패러데이는 특정한 상황에서는 적용할 수 없다고 인정했지만 그것이 그 발견의 잠재력에 대한 그의 자신감을 감소시키지는 않았다. 그는 윌리엄에게 "왜 그러십니까? 손님"이라고 말했다고 한다.

최근에 들어 정부는 새로운 기술에 의해 추진되는 경제적인 진보로부터 이익을 얻기 위해서는 기초 연구에 보다 더 많이 투자해야 한다는 것을 인식해 왔다. 기초 연구에 대한 경제적 이익은 일반적인 투자에 비해 너무 멀고 너무 불확실한 지평(목표)을 가지고 있기 때문에 각국 정부는 미래 경제 수익의 씨앗을 심는 책임을 짊어지고서라도 조기 연구를 위한 연구 자금을 제공해왔다. 이러한 투자를 한 국가들은 결과적으로 산업과 경제 성장에 있어 큰 수익을 가져왔다.

이 책의 도입부에서 나는 약 100년 전의 전자, X-선(X-ray) 및 방사능 발견이 물리 세계의 기본적인 "부품 목록"으로 우리에게 주어졌다고 언급했다. 이것들로부터 혁신적 공학자들이 새로운 전자 도구와 기술을 지속적으로 만드는 것이 가능했다. 칼은 물리학과 공학의 융합이 오늘날 컨버전스 1.0이라고 할 수 있는 새로운 과학 혁신 시대의 시작을 의미한다는 것을 인식했다. 그리고 MIT 대학교와 다른 연구기관에서 학제 간 협업을 장려하기 위해 그가 할 수 있는 모든 것을 했다. 그 잠재력을 아무리 축소한다 하더라도 컨버전스 1.0이 세상을 얼마나 심오하게 변화시켰는지는 아무리 강조해도 지나치지 않다. 그것이 만든 디지털 기술과 계산 능력은 이제 당연하게 여길 정도로 우리 삶의 필수적인 부분이 되었다.

앞에서 언급했듯이 우리는 오늘날 생물학계의 또 다른 "부품 목록"을 가지고 있다. 그 목록을 손에 쥐고 있는 지금 우리 삶을 다시 혁신할 것을 약속한다. 다시 말해서 공학과 생물이 한번 더 융합하는 직전에 서 있다. 바이러스 기반 배터리, 단백질 기반 물 필터, 암을 감지 및 치료하는 데 도움이 되는 나노 입자, 뇌 구동 기반의 인체 보형물, 컴퓨터 기반의 신속 작물 선택 등 새로운 융합이 이미 가능했다. 흥미롭고 새로운 도구와 기술을 이미 몇 가지 소개했다. 이외에도 수많은 새로운 기술들과 아직 상상조차 할 수 없는 또 다른 기술들을 개발 중이다. 이러한 기술들은 우리에게 더 안전하고 건강하고 깨끗한 세계에 대한 밝은 전망을 제공할 것이다.

그 가능성은 짜릿하다. 아쿠아포린 애프터 서비스의 설립자이자 최고 경영자(Chief of Executive Officer; CEO)인 옌센 홀메 피터가 말한 것[256]처럼, "자연의 천재성을 잘 이용하기만 하면" 많은 문제를 해결할지도 모른다. 엔지가 하는 것처럼 깨끗하고 효율적으로 배터리를 생산할 것이다. 뿐만 아니라 내가 다루지 않은 일들 중 메탄을 에틸렌(플라스틱 봉지, 병, 상자의 주요 구성요소)으로 만들거나[257] 질소 흡착을 촉매하도록 바이러스를 끌어들일 수도 있을 것이다. 또한 증가하는 지구 인구를 먹여 살리기 위해 필요한 대량의 거름이 공급될 것이다. 상기타가 연구하고 있는 것처럼 암을 발견하고 치료하는 것뿐만 아니라 대기에서 이산화탄소를 포획하고 표면 자가 세척과 물을 배척하는 기능과 같이 유용한 상업 상품으로 변화시킴으로써 기후 변화를 되돌리도록 나노 입자를 도입할 수 있을 것이다. 에너지 수요를 충족시키고, 화석 연료에 대한 의존을 탈피하기 위해 자연 자원(예를 들면 태양, 바람 및 조류)으로부터 충분한 에너지를 얻을 뿐만 아니라 집을 밝히는 에너지로도 식물의 힘을 이용할 수 있게 될 것이다.

하지만 컨버전스 2.0[258]을 성공리에 육성하려면 컨버전스 1.0에서 약속한 것과 같이 지속적인 재정 투자, 학제 간 협업 및 정치적 실천의지가 반드시 필요할 것이다. 이 중 어느 것도 피할 수 없다. 기초 연구에 대한 대폭적인 신규 투자, 신산업 육성을 위한 충분하고 장기적인 자본흐름 창출 그리고 전 세계에서 가장 훌륭하고 똑똑한 국가로부터 현명한 이민정책 등이 필요하다. 융합 중심의 정책과 관행은 저절로 생겨나는 것은 아니다. 1897년 조지프가 전자를 발견했을 때, 또는 1911년 러더포드가 원자핵을 기술했을 때, 또는 1937년 MIT 대학교 총장으로 취임한 콤프턴 테일러 칼이 전자를 기념하는 논문을 썼을 때, 그 당시에는 이러한 지원과 정책들이 존재하지 않았다. 칼의 논문 당시에도 컨버전스 1.0을 활성화하는 데 필요한 기본 투자는 이루어졌지만, 여전히 미국은 대공황에서 회복되고 있는 중이었다. 컨버전스 1.0 제품과 산업 잠재력을 충분히 전달하기에 그 당시에도 충분히 투자가 이루어지지 않았다. 그 당시에 실업률은 14%를 넘었고[259, 260, 261] 다음 해에는 20% 가까이 증가했으며 제조업 생산량은 감소하고 있었다. 그로부터 불과 몇 십 년 후에 미국이 세계의 기술, 교육 및 경제 초강대국으로 부상할 것이라고 예상한 사람은 거의 없었다. 이러한 상황에서 극적인 차이를 만든 것은 제2차 세계 전쟁 시기에 미국이 다른 나라들과 시작한 다학제적인 노력이었다. 레이더, 음파 탐지기, 새로운 형태의 컴퓨팅 그리고 원자 폭탄과 같이 전쟁에서 승리하기 위한 모든 기술들을 개발했기 때문이었다.

전쟁 이후 부시 배너바(Vannevar Bush)는 앞으로 혹시 있을지 모르는 전쟁 및 평화의 모든 시기에 필요한 기술 개발 프로그램을 설계했다. 그는 연구에 대한 연방 투자를 지속하겠다는 약속을 천명했다. 이로써 미국을 세계 지도력의 위치로 이끌었을 뿐만 아니라 전후 산업 및 경제 성장에 박차를 가할 수 있었다. 세계 각국도 그 성공 교훈을 참고하여 야심찬 국가 연구 개발(R&D) 투자 전략, 세계 연구 중심 대학, 이민 정책 및 미래 지향적 산업 모델을 모방하기 위해 경쟁하고 있다. 내가 MIT 대학교 총장으로 있는 동안 거의 매주에 한번 이상 20세기에 미국이 이룩한 경제적 기적을 모방 재현하고자 하는 나라에서 온 방문객을 맞이했다. 이 국가들은 장기적인 큰 계획을 가지고 있었다. 그리고 오늘날 그 어느 때보다도 그들은 계획에 따라 행동하고 투자를 늘리고 미래 첨단 기술을 개발하기 위한 정책을 적극적으로 시행하고 있다.

내가 MIT 대학교 총장으로서 부여받은 과학기술적 미래에 대한 특권적인 시각과 직위 덕분에 컨버전스 1.0이 20세기를 획기적으로 변화시킨 만큼, 21세기를 획기적으로 변화시킬 잠재력의 컨버전스 2.0의 약속을 가까이에서 지켜봤다. 어쩌면 더 극적으로 지금 개발할 준비가 되어 있는 도구들과 기술들이, 우리 모두가 지구라는 한 행성에 존재하는 인류에게 가장 심각하게 위협하는 많은 문제들을 직접적으로 해결할 수 있는 잠재력을 가지고 있다는 것이다. 그러나 오늘 가장 궁금한 것은 과연 미국 스스로가 컨버전스 1.0처럼 컨버전스 2.0을 잘 선도할 수 있는가 그리고 나아가 불행한 전쟁과 같은 가속 기간 없이도 이러한 발전을 계속 할 수 있는가 라는 점이다. 이것은 지금 시대의 가장 큰 정치적 질문들 중 하나이다. 그리고 우리가 답하려고 노력해야 할 문제이기도 하다.

생물학과 공학의 융합은 1798년 멜서스 토마스가 우리 인류의 운명이라고 묘사한 암울한 미래(전쟁, 기근 및 역병의 미래)[262]를 다시 한번 피할 수 있기를 바라는 아주 좋은 해결책을 제공한다. 이미 이 책에서 보여드리려고 했던 것처럼 우리는 자유자재로 미래의 판도를 바꾸는 신기술을 이미 가지고 있다. 그래서 이제 중요한 질문을 해야 한다. 어떻게 하면 이 기술들을 빨리 사용할 수 있을까? 그리고 어떻게 하면 더 많은 것들을 가능한 한 빨리 실현할 수 있는 환경을 만들 수 있을까?

쉽게 말해서 우리 앞에 놓여있는 혁신의 계기판에 있는 제어장치 중 몇 가지 버튼을 선택하면 엄청난 이득을 얻을 수 있다. 20세기의 컨버전스 1.0에 대한 경험으로부터 이미 무엇이 효과가 있는지 이미 알고 있다. 첫째 학제 간 및 연구 기관 간 프로젝트와 교육을 장려하는 기초 연구에 대한 연구 투자 확대, 둘째 시장에 새로운 아이디어를 빠르게 진입시키는 기술 이전 절차, 셋째 새로운 착상을 장려하는 재정 정책, 장기간 자본 집약적인 산업에 대한 투자를 장려하는 재정 정책 그리고 마지막으로 세계 각국 인재들을 가장 강력한 자석으로써 유치하는 이민 정책 시행 등이 그것들이다. 이러한 전략에 전념하는 것이 불가능한 야망은 아니다. 다만 컨버전스 2.0의 모든 잠재력을 발휘하기 위해서는 현재 규율 규제를 가로막고 있는 교육 기관, 연구 기관, 자금 기관 및 금융 정책의 구조를 다시 한번 생각해야한다. 어떻게 하면 좋을지 간단하게 정리해서 살펴보자.

그 어떤 사례도 정부 지원 없이는 가능하지 않을 것이다. 연구 발굴 및 기술 개발 자금의 지속적 지원은 미국이 20세기에 기술 리더십 위치에 오를 수 있게 했다. 제2차 세계 전쟁의 승리 기술을 만들어낸 대규모 연구 개발 투자에 이어 그 당시에 계속 자금을 투자하겠다는 연방 차원의 약속이 있었다. 부시의 말에 따르면 "전쟁 중 얻은 과학 기술의 교훈[263]은 평화시기에도 적용될 수 있다"는 것이었다.

1960년대 중반까지 연구 개발에 대한 연방 투자 수준[264]은 국내총생산의 2%에 달했다. 이러한 국내총생산(GDP)의 비율은 연구에 대한 사회 의식 수준을 보여주며 최고 수준이었다. 연방 기관들은 신기술이 보다 더 똑똑해지고 더 나아간다는 생각을 전적으로 믿고 있었다. 지출된 연구 투자 자금은 새로운 비즈니스 벤처 기업과 심지어 새로운 산업을 탄생시켰다. 세기의 마지막 수십 년 동안 컴퓨터 산업과 정보 산업의 폭발적인 성장 그리고 이들을 가능하게 한 모든 도구와 기술과 함께 모든 노력은 상당한 성과를 거두었다.

그러나 근시안적으로 미국 정부가 연구개발 투자를 축소하기 시작하여[265] 현재 국내총생산의 1% 미만으로 감소했다. 연방 연구 개발 자금이 떨어지면서 민간부문 연구 개발이 국내총생산에서 차지하는 비중이 커졌지만 근본적으로 이를 대체할 수는 없다. 아시다시피 민간 및 공공 연구 개발은 서로 다른 역할에 초점을 맞춘다. 공공 연구 개발의 연구 기금은 주로 초기 연구를 지원하고 민간과 산업 분야 연구 개발의 기금은 주로 시장 제품에 대한 연구 개발에 초점을 맞춘다. 둘 다 가져야 한다. 그것들은 상호간에 교환할 수 없다.

여러 가지 이유로 연방 R&D 자금 감소는 특히 학제 간 연구에 심각한 타격을 주었다. 자금 수준이 정체되거나 하락할 때 자원 할당에 대한 결정은 컨버전스 2.0과 같은 새로운 방향보다는 보다 예측 가능한 가능성을 지향하는 방향으로 보수적으로 변한다. 또한 연방 연구 투자 대부분은 주요 연구 기관(예: 미국 보건 연구소, 미국 국립 과학 재단 및 에너지 및 국방 부서)을 통해 이루어지며 이들 기관은 모두 20세기 학제 간 융합 연구를 목표한다. 별도 분야 전담 기관을 두게 되면 학제 간 컨버전스 2.0 프로젝트 자금 확보가 불가능하지는 않더라도 턱없이 어려워진다. 어떤 경우에는 민간 자선 활동이 새로운 학문 간의 접근법을 시작하고 유지하기 위해 필요한 연구 자금을 제공하기도 한다. 과학 자선 단체 연합(Science Philanthropy Alliance)에 따르면 모든 종류의 기초 과학 연구를 위한 민간 자선 연구 기금은 2017년에 약 23억 달러에 달했다. 이 수치는 조사 응답에 기초하므로 과소 평가 가능성이 높다. 비록 이것이 연방정부 연구 공약의 일부분에 불과하지만 그것은 새로운 과학적 방향을 위한 길을 닦는데 도움을 줄 수도 있다. 예를 들어 융합 기반 두뇌 주도권(Convergence-based Brain Initiative)의 가능성 연구를 시작한 것도 재단 자금 지원 덕분이었다.

연방 R&D 투자의 감소는 컨버전스 2.0에 있어 매우 중요한 분야인 물리와 공학에 가장 심각한 타격을 주었다. 미국 과학진흥협회(American Association for the Advancement of Science)에 따르면 1970년에서 2017년 사이에 이 분야 프로젝트에 대한 자금 지원이 국내총생산 대비 약 55% 가량 감소했다고 보고했다.[267] 생물 의학 연구의 경우에도 연방정부의 연구 개발 지출은 1996과 2003년 사이에 두 배 이상 증가했지만 2003에서 2017년 사이에는 22% 가까이 큰 폭으로 감소했다. 최근 미국 상원은 국립보건원(NIH, National Institutes of Health)의 자금 수준을 높였지만 일반적인 물리 과학 분야는 그렇지 않았다. 컨버전스 2.0 기회가 가속화되는 단계에서 연방 투자가 향후 몇 년 동안 계속 정체되거나 감소한다면, 미국은 이를 수용하거나 글로벌 기술의 선도국 지위를 당연하게 여기지 못하게 될 것이다.

연방 연구 투자의 감소는 국가 차원에서는 거의 말이 되지 않지만 세계적인 맥락에서 생각해보면 훨씬 더 말이 안 된다. 1995년과 2015년 사이에 많은 나라들이[268] 20세기에 놀라운 경제적 성공을 가져다 준 미국 연구 투자 전략을 채택하였고, 이후 기술 R&D에 대한 정부 및 산업 투자를 늘리기 위해 열심히 노력했다. 가장 극적인 증가 중 일부는 중국 (현재 GDP의 2% 이상), 한국과 이스라엘 (둘 다 현재 4% 이상) 그리고 일본 (3% 이상)에서 나타났다. 이들 국가의 R&D 투자 규모는 현재 정부와 산업 R&D 투자의 합계가 GDP의 약 2.8%인 미국과 경쟁할 수 있는 위치에 올라섰다. 다시 말해 한 때 기술의 미래를 발명하는 데 있어서 세계를 이끌었던 미국은, 특히 중국의 계획 투자 증가를 고려할 때, 이제는 뒤처질 위험이 처해 있다.

향후 육성할 수 있는 경제 이익에 상반되는 것을 고려하더라도, 연방 연구 투자의 감소는 거의 이치에 맞지 않는다. 단 한 가지 예를 들어 미국 국립 보건원[269]은 2018 회계 연도에 약 370억 달러의 예산을 가지고 생물학과 의학 분야 연구 대부분을 후원했다. 그 투자 수익은 다양한 방법으로 측정되었다. 예를 들어 질병 통제 예방 센터(CDC, Centers for Disease Control and Prevention)에 따르면 2009년에 태어난 어린이에게 예방접종만 하면 42,000명의 생명을 구하고 2,000만 명의 질병을 예방하며 135억 달러의 의료비를 절감할 수 있다고 추산했다. 그리고 NIH의 자금 지원을 받는 새로운 의학적인 통찰력과 기술 덕분에 1960년 70세 미만이었던 미국인들의 평균 수명[270]이 2015년 78세 이상으로 증가했다. 이는 매년 약 3조 2천억 달러의 경제적 가치를 지닌 것으로 추산된다. 놀라운 투자 수익이다.

컨버전스 2.0이 제공하는 기회를 최대한 활용하기 전에 또 다른 중요한 장애물에 직면하게 된다. 연방이 후원하는 연구 보조금은 일반적으로 "나 홀로 모험가"와 "단일 연구분야" 모델을 기반으로 하기 때문에 두 모델 모두 광범위한 다원적 융합 스타일의 협력 모델에는 적합하지 않다.

다행히도 미국 정부는 새로운 자금 조달 모델의 필요성을 인식하고 학제 간 및 기관 간의 협력 주도권(cross-initiatives)를 시행했다. 그 중 가장 잘 알려진것 은 미국 국립보건에너지연구원(National Institutes of Health and Department of Energy)와 영국

웰컴 트러스트(Wellcome Trust)가 주로 자금을 대는 국제협력이다. 1990년에 시작된 인간게놈프로젝트(Human Genome Project)[271]는 민간 부문 연구팀과 경쟁하고 있었다. 1990년과 2003년 사이에 이 프로젝트는 유전자 염기서열을 위한 새로운 방법을 개발하기 위해 생물학자, 컴퓨터 과학자, 화학자 및 공학 기술자들을 함께 모았다. 초기에는 파리, 생쥐 및 인간 게놈의 첫 번째 성공적인 지도[272]가 포함되어 있었다. 이는 생물학적 과정에 대한 통찰력을 제공했다. 암, 당뇨병 및 정신분열증 등의 후보 유전자[273]를 식별할 수 있게 된 질병 유전자 분석의 발판을 마련하기도 했다. 이러한 성과에 중요한 것은 DNA 염기서열을 위한 새로운 기술 개발이었고 이것은 사용 비용을 극적으로 낮췄다. 2001년 인간 게놈의 염기서열 분석 비용[274]이 1억 달러가 넘게 들었지만 오늘날에는 1,000달러도 안 든다. 인류 게놈 프로젝트 덕분에 우리는 완전히 새로운 차원에서 질병을 이해할 수 있는 도구를 갖게 되었다. 이를 통해 개인의 고유한 유전자형과 특정 질병 및 그 아류를 대상으로 한 진단과 치료가 가능해질 것이다.

보다 최근에는 2000년에 시작된 국가 나노 기술 주도권(National Nano Technology Initiative; NNI)[275]가 20개의 연방 부처와 기관을 함께 모아서 나노 스케일 연구 및 산업 응용에 대한 연구를 가속화하고 있다. 국가 나노 기술 주도권 프로젝트는 의료 영상 촬영을 위한 양자점(나노 스케일 반도체) 개발, 배터리 전극의 새로운 구성 그리고 물에서 수소를 추출할 수 있는 나노 물질 등 여러 분야에 걸쳐 있다. 그리고 2013년 정부는 혁신적인 신경 기술 주도권(BRAIN)[276]을 통한 두뇌 연구를 시작했다. 브레인(BRAIN, Brain Research through Advancing Innovative

Neurotechnologies Initiative)은 신경 생물학자, 엔지니어 및 물리 과학자들이 같이 모여 정신의 복잡성과 그것을 치료할 수 있는 질병의 신기술을 설계하는 10년 간의 프로젝트이다. 연구 목표들 중 하나는 도노휴 존과 다른 사람의 뇌 활동을 기록하기 위해 사용하는 것과 같은 뇌-컴퓨터 인터페이스를 초소형화하고 뇌 기능에 대한 고해상도 지도를 제작하는 것이다. 이러한 발전은 5장에서 설명한 선구적인 인공 기술을 필요로 하는 보다 더 많은 사람들이 쉽게 접근할 수 있도록 할 것이다. 정밀 의술(precision pedicine), 미생물 군집(microbiome) 및 암 정복(cancer moonshot)에 대해 가능한 학제 간 및 기관 간 주도권이 현재 진행 중이다.

오늘날 명백한 성공에도 불구하고 이와 같은 다학제 및 기관 간 연구 프로젝트는 여전히 일반적인 규칙이라기보다는 예외적이다. 컨버전스 2.0을 최대한 활용하려면 이러한 상황이 바뀌어야 한다.

정부 영역 밖에서도 변화가 필요하다. 오늘날 대부분 대학이 학부와 학과를 조직하는 방식을 생각해 봐라. 즉 학문별로 조직하는 것은 명백하게 타당하다. 정식으로 교육을 받은 화학자로 구성된 화학과 학생들이 화학 전문가가 될 수 있도록 한다. 한 아이디어에서 다음 아이디어로 이어지는 전 과정과 경험을 기반으로 학과를 구성할 수 있다. 연구 시설을 공유하고 상호 관심 주제에 대한 세미나를 개최할 수 있다. 그리고 최고의 학과들은 교육과정을 설계하고 연구 프로그램을 만들 때 그들 학문 분야의 미래를 결정한다.

그러나 시간이 지남에 따라 부서 및 경계가 경직되고 불투명해질 수 있다. 각 학문은 자신의 역사, 어휘, 문제 정의, 발견을 위한 실행 가능한 대안 등을 늘 개발하여야 한다. 여전히 이 모든 것은 여전히 학제 간 협력과 이해 관계를 저해한다.

내가 MIT 대학교에 재직하는 동안 여러 분야를 넘나드는 협업과 이해 장벽을 허물기 위해 열심히 노력했다. 예를 들어 생물학자, 엔지니어 및 임상의가 함께 모인 코흐 통합 암 연구소(Koch Institute for Integrative Cancer Research)를 만들 때, 각 연구소 구성원들이 서로의 타 언어와 타 연구원 간의 문제 해결법을 배워야 한다는 전제에서 시작했다. 이를 위해 상호 간 이해 공백을 메울 수 있는 방법으로 '엔지니어링 천재 카운터(Engineering Genius Bar)', '크로스파이어(Crossfire)', '닥터 이즈 인(The Doctor Is In)'과 같은 만남의 세션을 제공했다. 생물학자들이 마지막 목적지에 거의 다다랐을 때 그동안 협업했던 엔지니어들을 단순히 "서비스 제공자(service provider)"로 부르지 않기를 바란다.

이 접근법은 매우 빠르게 결실을 맺었다. 새로운 협업은 새로운 통찰력을 낳았다. 에너지 저장 장치를 만들기 위해 나노층 제작 방법을개척한 화학 공학자인 파올라 해먼드(Paula Hammond)[277] 교수는 의사이자 분자 생물학자인 야페 마이클(Michael Yaffe)[278] 교수와 협력했다. 그들은 화학요법의 효과를 증폭시키기 위해 세심하게 시간을 맞춘 원-투 펀치(one-two punch)로 두 개의 항암제를 함께 전달하는 나노 입자를 마침내 성공적으로 개발했다.

수많은 부서 구조를 없애야 한다고 제안하는 것이 아니다. 갑자기 다른 이름으로 다른 목적으로 부서를 개편하자는 것도 아니다. 내가 총장 재임 초기에 MIT 대학교가 이런 형태의 개명과 조직 개편에 참여할 필요가 있느냐는 질문을 받았을 때, "아니다"라고 대답했다. 몇십 년 안에 어떤 학문이나 방향이 가장 중요할지 도저히 알 수 없다고 생각했다. 그래서 학과 개편 대신에 다른 접근법을 택했다. 새로운 학제 간 연구소와 센터를 설립했다. 현재의 학문 간의 역사와 강점을 활용하고 가능한 한 교수진들에게 두 개의 집을 모두 제공했다. 하나는 학과에, 다른 하나는 연구 센터에 말이다. 이 모델은 MIT 대학교가 제 2차 세계 전쟁 이후 레이더 개발에 매우 생산적이었던 '캠퍼스 기반 다학제 협력'을 지속하기 위해 이미 배치했던 연구협력 모델이다. 그 이후로 여러 기술 또는 문제 중심의 연구 센터들이 물리 과학 및 공학 분야에서의 협력을 촉진하고 있다. 이제 컨버전스 2.0 모델을 확장하여 제공하기 위해 기존 분야별 강점을 유지하는 동시에 임무 성공(또는 실패)에 따라 발전하거나(해체되는) 새로운 형태의 협업을 추구하고자 노력했다. 그 접근은 기대 이상으로 성공했다. 다른 많은 대학교 캠퍼스들도 타 학문을 하나로 모으기 위해 새로운 조직 구조를 비슷하게 실험했다. 유망한 모델로는 노스 웨스턴 대학교의 나노기술 국제 연구원(IIN, International Institute for Nanotechnology) 그리고 하버드 대학교, 취리히 연방 공과 대학교(ETH), 취리히 연방 공과 대학교 제네바 캠퍼스의 바이오테크, 캘리포니아 대학교 버클리 캠퍼스 및 캘리포니아 대학교 샌프란시스코 캠퍼스 생물학 프로그램이 협력한 코네티컷 대학교 의과 대학 재생 공학 연구소(Institute for Regenerative Engineering) 등이 있다.

교육 시스템을 조정하여 새로운 발견을 할 수 있을 뿐만 아니라 새로운 혁신과 새로운 산업을 장려할 수도 있다. 더 많은 이공계 박사학위 취득자들이 졸업 후 회사에 입사하거나 점점 더 창업하고 있음에도 불구하고 산업계에 곧 바로 진입하도록 길을 제공하는 대학원 프로그램은 아직 거의 없다. 그러나 몇몇의 연구 분야서 점차 변화하고 있다. 예를 들어 보스턴의 노스턴 대학교는 최근 글라소스미스크라인(GlaxoSmithKline)과 협력하여 학생들에게 학문과 산업의 관점에서 배우면서 익히는 경험을 제공하도록 "실험 박사 프로그램(experiential PhD program)" 과정을 시작했다. 그리고 덴마크 대학들은 현재 정부와 산업계가 공동으로 자금을 대는 "산업 박사(industrial PhDs)" 및 "박사 후 과정(postdoctoral position)"을 제공하고 있다. 컨버전스 2.0 제품 개발을 장려하려면 이런 프로그램들이 더 많이 필요하고 대학원 교육에 대한 좀 더 창의적인 사고가 필요할 것이다.

컨버전스 1.0은 미국인들에게 연방 R&D 투자가 신제품, 신사업 그리고 심지어 신산업 개발을 촉진하는 데 도움이 되었다. 그러나 이러한 종류의 연방 투자를 최대한 활용하려면 새로운 아이디어를 연구소에서 시장 제품으로 곧장 가는 속도를 더 높여야 한다. 이는 정부, 학계 및 산업계 간의 새로운 관계로부터 상호 간 모두가 이익을 얻는 것을 말한다. 예를 들어, 1980년 이전에는 연방 지원 연구로 발생한 특허권 소유권은 연방 정부에 속하지만 그때까지 연방 기관은 연구 제품 개발을 시장으로 이전을 추진하기 위한 어떤 메커니즘이나 인센티브를 가지고 있지 않았다. 그 결과 미국은 막대한 연구 투자로부터 잠재적인 경제적 이익을 거두지 못하는 실정이었다.

1980년에 비로소 연구 성과를 상업적인 상품으로 이전하는 것을 목표로 한 "바이-돌 법(Bayh-Dole Act)"이 통과[279]되면서 모든 것이 바뀌었다. 이 법은 연방 자금으로 개발된 지적 재산의 소유권을 대학, 비영리 단체 및 소기업 등 연구를 수행한 단체에 소속되도록 규정하였다. 특허 소유권을 수행조직으로 이전하는 것은 그들이 발견한 연구성과를 시장에 내놓고 신속하게 적용 절차로 이행하기 위한 강력한 경제적 동기를 부여했다. 바이-돌 법의 성공을 가늠할 수 있는 척도 중 하나는 1980년에 500건 미만이었던 미국 학술 기관에 등록 특허 수[280]가 1996년에는 2,000건을 조금 넘었고 2016년에는 거의 7,000건을 넘어섰다는 것이다.

스탠포드 대학교와 MIT 대학교는 기술 이전 방면에서 가장 효과적인 대학 중 하나로 자주 언급된다. 미국 특허청의 대학 특허 활동에 대한 연례 보고서[281]에서 상위 몇 안 되는 대학들 중 하나이다. 두 기관 모두 스타트업 분야에서도 상위권에 속한다. 이러한 성공은 제품 지향적 경향이 있는 "우수한 엔지니어링 프로그램"에 기인한다. 그리고 추가적으로 두 학교의 역사를 돌이켜보면 두 학교 모두 산업에 관여하는 것을 용이하게 하는 학교 문화와 정책으로써 앞서서 신규 연구 개발을 이끌어 왔다. 둘 다 19세기 후반에 설립되었다. MIT 대학교의 설립 임무는 학생들이 "실행하면서 배우는(learning by doing)" 동시에 오늘날 공학이라고 부르는 "공학적 훈련(mechanical training)"을 포함한 커리큘럼에서 출발한다. 실질적인 문제에 직접 관여하고 "유용한 지식(useful knowledge)"의 가치를 강조하는 것을 포함하고 있었다. 스탠퍼드의 급부상은 1950년대에 실리콘 밸리 인근에서 시작되었던 전자 및 초기 컴퓨팅 산업과의 체계적 연구 협력을 통해 일찌감치 시작되었다. 다시 말해 두 학교 모두 미국 산업화를 가속화하는 데 도움을 줄 수 있는 위치에 있었고 여러 가지 면에서 그들 둘 다 이미 기술이전 DNA를 내장했다고 말할 수 있다.

두 대학교의 기술 이전 목표는 연구 제품을 산업 개발로 최대한 빨리 옮기는 것을 우선시하고 있다. 경험을 통해 대부분의 신제품과 신규 벤처기업은 실패한다는 것도 알고 있다. 그리고 비교적 쉽고 빠르게 기술을 이전하는 것이 모두의 관심사라는 것을 널리 인지하고 있다. 이를 촉진하기 위해 기술이전 사무실에는 업계 경험이 있는 전문 인력이 포함돼 있어 양측의 현안을 쉽게 조정하고 이해시킬 수 있다. 또한 두 대학교 모두 오랜 기술의 역사적인 혜택을 받고 있으며 이는 사전 경험과 매우 귀중한 일련의 산업 관계를 지속적으로 제공한다. 파트너십 구축을 자신들의 책임 중 중요한 업무 중의 하나로 간주한다. 그러나 이와는 대조적으로 일부 타 대학 조직들은 재정적 수익을 우선시하는 모델을 따르는데 이는 산업으로의 기술 이전 흐름을 늦출 수 있고 장기적으로 이익을 얻을 수 있는 관계를 방해할 수 있다.

기술 이전 임무를 핵심 업무로 생각하는 스탠포드 대학교와 MIT 대학교는 모두 지역 경제 생태계에 깊이 관여해 왔다. 스탠포드 대학교(실리콘 밸리, Silicon Valley)와 MIT 대학교(켄달 스퀘어, Kendall Square)를 둘러싼 활기찬 산업 허브는 이러한 철학을 반영한다. 대학과 지역 혁신 허브 모두에게 유익하고 시너지 효과가 있는 관계를 기반으로 상호 경제적/사회적 이익을 누려왔다. 이제는 수많은 타 연구기관들이 지역 혁신 생태계를 구축하고 연구 기반의 새로운 발견을 시장을 위한 제품으로 신속하게 전환하는 데 도움을 주기 위해 이러한 선례를 따르고 있다.

컨버전스 1.0과 마찬가지로 컨버전스 2.0도 장기 투자가 핵심이다. 신생 기업에 대한 금융의 경쟁적인 세계에서 투자자들은 종종 "하드 테크(hard tech)" 또는 "터프 테크(tough tech)"로 알려진 것보다 소프트웨어를 선호한다. 소프트웨어는 소셜 미디어 플랫폼부터 온라인 검색 알고리즘 및 비디오 게임에 이르기까지 모든 것들이다. 그것은 비교적 저렴하고 개발 속도가 빠르며 투자는 적어도 단기적으로는 매우 좋은 성과를 거둘 수 있다. 10 년 전에 페이스북이나 구글에 돈을 투자했던 누구에게나 물어보면 쉽게 알 수 있을 것이다. 이와 달리 하드테크는 수년간의 연구 개발에 필요한 물리적 장비들과 광범위한 기술 인프라가 포함된다. 시장 출시 준비를 위한 수년간의 제품 생산, 설계 및 스케일 업 과정도 포함된다. 내가 여기서 설명한 모든 컨버전스 2.0 제품은 바이러스 기반 배터리, 단백질 기반 물 필터, 나노 입자 기반 암 감지 시스템, 뇌 신호 인지 보형물 그리고 새로운 작물의 컴퓨터 형질 선택 등 모두 하드 테크 기술이다. 차세대 제트 엔진과 원자로와 같은 컨버전스 1.0 제품도 이러하였다. 물리적인 신제품들은 살아가는 방식을 바꿀 수 있지만 시장에 단시간에 내놓는 것은 여전히 어렵다. 즉 긴 안목을 가지고 있고 차세대 제품의 약속을 인식하고 보상이 도착하기 전에 오랜 시간 동안 인내심을 가지고 기다릴 의지가 있는 투자자들을 필요로 한다.

아쿠아포린 애프터 서비스 스토리는 컨버전스 2.0 기술 개발 과정에서 기업이 직면한 과제와 비전 투자자가 제공할 수 있는 혜택을 보여주는 좋은 사례다. 그 회사는 물 필터를 위한 상업적인 양의 아쿠아포린 단백질을 만드는 새로운 방법을 발명해야만 했다. 단백질 막에 대한 새로운 제조 공정을 고안해야 했다. 왜냐하면 지금까지의 표준 바이오 의약품 공정은 용액에서만 단백질을 생산했기 때문이다. 그 후 그들은 완전히 새로운 형태의 단백질 막 생산 시설을 개발해야 했다. 그리고 충분히 인내하고 감당할 수 있는 자본 동원의 어려움을 고려하여야 했다. 니엘슨 헬릭스 클라우스에게 회사가 필터를 시장에 내놓는 데 필요한 시간과 비용 충당에 대한 계획을 물었다. 그러자 니엘슨은 아쿠아포린 애프터 서비스의 주요 투자자[282]인 덴마크 민간기업과 중국 공기업이 투자수익률에 대해 매우 긴 안목을 갖고 있다고 설명했다. 그들의 투자 계획에 대해 다음과 같이 설명하였다. "만약 아쿠아포린 인사이드 기술이 작동한다면 정말로 상업적 성공을 누릴 것이고 이보다 더 중요한 것은 미래 세계를 지속하면서 물을 정화할 수 있다."

컨버전스 2.0의 잠재력을 발굴하는 과정에서 직면한 과제를 극복하려면 투자자들이 이러한 가이드 라인에서 고민하도록 설득하는 데 더 많은 노력을 기울여야 할 것이다. 그리고 컨버전스 2.0과 기타의 하드테크 제품 개발을 장려한다는 구체적인 장기 비전과 목표를 가지고 있어야 한다. 또한 장기간에 걸쳐 자본집약적 산업 투자를 장려하는 새로운 정책을 제정해야 할 것이다. 정부가 이러한 인센티브를 만들 수 있는 유망한 방법 중 하나는 투자회사인 블랙록 그룹(BlackRock group) 회장이자 최고 경영자(CEO)인 핑크 래리(Larry Fink)에 의해 제안[283]되었다. 핑크는 정부가 투자 기간에 비례하여 증가하는 세금 혜택을 제공해야 한다고 주장하였다. 미국 경제와 전 세계에 살고 있는 하드테크 기업에 자금이 유입되도록 하는 것은 아주 현명한 생각이기 때문에 이와 같은 아이디어를 더 많이 생각해 내고 그것에 따라 행동할 필요가 있다.

또한 이민이 미국에서 혁신을 이끄는 강력한 원동력 중 하나라는 것을 이미 알고 있고 재확인할 필요가 있다. 애플, 구글, 아마존, 오라클, 아이비엠(IBM), 인텔, 이베이, 테슬라, 보스턴 사이언티픽 그리고 3M과 같은 1세대 또는 2세대 이민자들을 설립자로 둔 성공적인 미국 회사[284]들의 놀라운 표본을 생각해 보라. 2017년 포춘지 선정 500대 기업 창업자 중 절반[285] 가까이가 미국인 1세 또는 2세였으며 미국의 과학, 수학 및 공학(세계에서 가장 경쟁력 있는 프로그램 중 하나) 분야의 신입 대학원생 3분의 1 이상[286]이 국외 출신이었다. 젊은이들은 이제 세계 어디든 여행을 다니며 꿈을 추구할 수 있다. 글로벌 기업가 인재의 강력한 자석이 되려면 새로운 기업과 새로운 산업의 창업을 돕고자 하는 모험가들에게 더 쉬운 이민 길을 만들어줘야 할 것이다. 학생 및 근로자 비자 프로그램이 확대되고 시민권 취득의 길이 쉬워져야 한다. 불행하게도 지금 하는 일은 이와 많이 다르다. 최근 이민을 제한하고 H1B 비자(많은 과학자와 엔지니어의 입국 경로)에 대한 접근을 줄이고 있다. 이는 곧 이미 많은 잠재적 이민자들이 미국으로 모험을 떠나기를 꺼리기 시작하고 있다는 뜻이다. 2016년 대학원 과정에서의 유학생 등록[287] 숫자는 정체하였고 급기야 2017년 가을에는 2001년 뉴욕 테러[288] 이후 처음으로 미국 대학 입학 유학생의 수[289]가 감소했다. 이것은 경쟁력 있는 세계 경제에서 미국이 선두로 유지할 방향이 아니다.

이 책에서 설명한 놀라운 기술들의 작은 예시들은 2050년까지 95억 명 이상의 전 세계 인구[290]가 있을 것으로 예상하고 이에 필요한 에너지, 물, 의학 및 식량의 절박한 위기[291]로부터 우리 인류를 구할 수 있는 새로운 가능성의 몇 가지 본보기들이다. 그러나 이러한 흥미로운 기술적 가능성의 성공 여부는 전적으로 앞으로도 다음 세대의 손과 마음에 달려 있다.

더 나은 미래에 대한 희망은 기술 그 자체만큼이나 다음 세대에 대한 확신에 달려 있다. MIT 대학교나 다른 연구기관에서 학생들과 나눈 대화보다 수많은 영감을 받았다. 나와 이야기를 나누었던 젊은이들은 놀라울 정도로 분명하게 미래 세계의 절박한 도전을 잘 이해하고 있으며, 이에 대한 해결책을 찾는 것을 돕고자 하는 높은 열정을 가지고 있었다. 매 가을 학기가 시작될 때마다 MIT 대학교 캠퍼스를 걸으며 새로 입학하는 신입생들에게 앞으로의 계획과 포부를 말해달라고 부탁하곤 했다. 그들의 대답은 놀라웠다. 생물학이나 기계공학 및 경제학 등의 전공 계획을 설명하기 보다는 그들의 열정 대부분은 에너지와 생명공학 분야의 최신 프로그램에 초점이 맞추어져 있었다. 이러한 열정은 MIT 대학교 에너지 주도권(energy initiative)과 여러 가지의 컨버전스 2.0 기관 및 프로그램을 시작하면서 신선한 바람을 불어 주기에 충분하였다.

모든 곳의 학생들은 "어떻게 하면 해결책을 찾을 수 있을까?"를 알고 싶어 한다. 교육 기관에 대한 질문도 다음과 같다. 첫째 학생들이 문제 기반 및 목적 중심 활동에 참여할 수 있는 기회를 어떻게 제공하고 있는가? 둘째 어떻게 하면 암을 치료하거나 지속 가능한 에너지 해결책을 만들 수 있을까? 셋째 어떻게 하면 꿈의 신기술을 발명하는데 필요한 중요한 학문 기반 지식을 갖추게 할 수 있을까?

학생들과 교육자들에게 모두 어려운 문제는 학생들이 세계의 어려운 문제를 해결하는 데 진정한 기여를 하고 싶다면 배울 것이 많다는 것이다. 그리고 이들이 보유한 지식과 노하우를 실제 문제에 생산적으로 적용할 수 있는 강력한 협업적 기반이 필요하다. 하지만 어느 기업이 오랜 시간을 인내심을 가지고 기다려 줄 것인가? MIT 대학교에서 찾은 해답은 협업 연구와 문제 기반의 활동 모두를 포함하도록 학부 경험을 다시 재조직하는 것이다. 한 예로 MIT 대학교 에너지 주도권을 시작했을 때 소규모 학부생들이 지속 가능한 에너지 미래를 설계하는 일에 참여하고 싶다고 말했다. 그래서 곧 바로 그들을 돕기 위해 에너지 학부에서 새로운 부전공을 시작하기로 결정했다. 만약 졸업생들이 에너지 전문가로서 중요한 기여를 한다면 그들은 깊은 훈련 지식이 필요할 것이다. 뿐만 아니라 다른 분야의 관점에서도 에너지 문제를 이해할 수 있다면 더 나은 기여를 할 수 있게 될 것이다. 즉 예를 들자면 원자력 발전 분야의 물리, 경제 및 정치를 이해하는 원자력 기술자들은 새로운 원전을 설계하고 건설하고 운영해야 하는 도전에 넓은 시야를 가질 수 있다.

공식적인 전공과 부전공 교육이 중요한 만큼 학생들은 연구에 참여함으로써 엄청난 이익을 얻는다. 제2차 세계 전쟁 이후 고등 교육 기관에 미국 내의 과학 연구 기업의 대부분을 포함시키기로 한 결정은 새로운 지식의 발견과 전달 과정을 통해서 학자와 학자들 간의 협력을 촉진시켰다. 연구실에서 학생들은 교실에서 배운 교훈이 어떻게 문제 기반 및 목적 중심 솔루션(problem-based, purpose-driven solutions)을 찾는 도구가 되는지 직접 경험하게 된다. 더 저렴하고 효율적이며 환경적으로 새로운 배터리를 위한 화학 조성에 대한 연구 프로젝트를 설명하면서 학부생들이 흥분을 억제할 수 없을 때 나는 교육자로서 성공하고 있다는 것을 알았다. 그리고 나노 입자를 연구하는 학부생에게 그 형의 암 진단에 화학요법을 제공하기 위한 것이라고 말해준다면 그가 더 나은 미래를 향해 나아가는 길에 함께 동참한다는 것을 알게 될 것이다.

현재 나는 코흐 통합암연구원(Koch Institute for Integrative Cancer Research)에 있다. 이 보금자리에서 매일 컨버전스 2.0의 힘을 느낀다. 동료 중에는 노벨 생물학자 필립 샤프(Phillip Sharp)[292]와 세계적으로 유명한 공학 기업가 랭거 로버트(Robert Langer)가 있는데, 이들은 모두 컨버전스 2.0의 열렬한 지지자들이다. 교수진과 학생들은 세계 각지로부터 여기 와서, 믿을 수 없을 정도로, 다양한 학계 전문 지식을 가지고 있다. 그들의 배경, 국가, 형질 및 유전자 등이 놀라울 정도로 다양하다. 암의 위압적인 위협에 대항하여 그들은 함께 마주칠 수 있는 모든 경계선을 넘나들며 약속을 공유한다. 사람들이 공유된 야망을 함께 가지고 모일 때 그들의 영향력은 크게 증폭된다. 연구기관들은 인력과 자원이 더 큰 공동의 목적을 위해 봉사하는 데 있어서개인의 재능을 증폭하는 일종의 촉매적 환경을 제공해 왔다. 미국뿐만 아니라 모든 나라가 상승하는 바닷물로 인하여 익사하거나, 깨끗한 물이 부족하거나, 진단되지 않은 질병으로 일찍 죽거나, 장애로 인한 생활이 방해받거나 혹은 불충분한 식량으로 인한 정치적 불안정 상태를 겪고 있다. 계속적으로 이러한 위협을 완화하며 새로운 길을 발명하고 영감을 제공하여야 한다.

나는 스푸트니크(Sputnik)의 그늘에서 자랐다. 하지만 그 역사적인 순간을 그렇게 무섭게 경험하지는 않았다. 대신 희망의 밝은 불빛을 보았다. 과학과 공학이 인류를 달과 그 너머로 데려다 줄 수 있을 것이며, 결국 나를 과학자가 되고자 하는 희망의 길로 이끌어 주었다. 뇌가 어떻게 스스로 조립되는지를 연구하고

학자들과 연구자들이 어떻게 학문분야를 넘나들 수 있는지에 대한 생각들을 함께 나누었다. 그리고 예일대와 MIT 대학교의 학제 간 연구에 대한 혁신적인 접근을 설계하여 세상에 더 나은 서비스를 제공하는 길을 열어 보여주었다. 수많은 과학자들과 엔지니어들과 함께 걸어온 길은 엄청나게 나를 깨우쳤을 뿐만 아니라 매우 보람이 있었다. 하지만 아직 갈 길이 멀다. 그렇지만 미래가 보인다. 다가오는 세기에 벅찬 도전에 직면할 것이며, 이를 극복하기 위해서는 2차 세계 전쟁에서 승리하기 위해 소환했던 것만큼, 인류 모두의 강력한 야망과 의지를 불러낼 필요가 있다. 끝으로 이번은 전쟁의 위협이 아니라 평화의 약속에 의해 동기부여가 되기를 간절히 바란다.

감사의 글

MIT 대학교 총장에서 물러난 후 안식년을 보냈던 2012년 말미에 하버드 케네디 정부 대학(Harvard Kennedy School of Government)에서 벨퍼 과학 및 국제 문제 센터(Belfer Center for Science and International Affairs)의 객원 연구원으로 1년을 보냈다. 벨퍼 센터에 1년 동안 있었던 이유는 MIT 대학교에서의 총장직과 대학교 역사를 다시 되돌아볼 수 있는 반가운 기회였기 때문이었다. 1년 동안 이 책에 생명을 불어넣은 "융합"이라는 생각이 몇 번이고 계속 떠올랐다. 많은 사람들은 내가 생각하기 전에 이미 그 아이디어의 가능성을 잘 알고 있었다. 그들의 통찰력 덕분에 나는 큰 반사이익을 쉽게 얻었다. 그들은 다음과 같다. MIT 대학교 공대 학장인 매난티 톰(Tom Magnanti), 코흐 통합암 연구센터(Koch Institute for Integrative Cancer Research)의 설계자인 잭스 타일러(Tyler Jacks), 랭어 로버트(Robert Langer), 필립 샤프(Phillip Sharp), 수십 년 전 수렴개념을 임상 제품에 도입한 위스 한스요르그(Hansjörg Wyss), MIT 대학교 에너지 주도권(MIT Energy Initiative)의 설립자인 모니즈 어니(Ernie Moniz)와 암스트롱 밥(Bob Armstrong), 레이곤 연구원(Ragon Institute) 설립자인 모니즈 어니(Ernie Moniz)와 암스트롱 밥(Bob Armstrong) 등이다. 이외에도 많은 연구자들이 새로운 발견 및 원활한 기술이전을 위한 모델을 제시해 주었으며 더욱 빠르게 융합을 가속화하는 데 도움을 주었다.

안식년을 마칠 때 즈음에 갓킨 L. 에드윈(Edwin L. Godkin) 강의(케네디 학교의 연례 행사)에 초대받았다. 그곳에서 "21세기의 기술 이야기: 생물학과 공학 및 물리 과학의 융합"이란 제목으로 강연이 끝났을 때, 당시 벨퍼 센터(Belfer Center)의 소장이었던 그레이엄 앨리슨(Graham Allison)은 강력하면서도 격려하는 스타일로 나에게 책을 써서 더 많은 청중들과 이야기를 나누자고 적극 제안했다. 버거 수잔(Suzanne Berger) 그리고 B. 윌리엄(William B.) 등 다른 사람들도 비슷한 격려해주었다. 본빌리언(Bonvillian), 로버트 퍼트넘(Robert Putnam) 및 필립 샤프(Phillip Sharp)는 더 나은 미래를 위한 큰 가능성을 품고 있는 신기술 이야기 뿐만아니라 그 신기술을 발명한 사람들의 이야기도 같이 들려줄 수 있다면 책이 더 매력적일 것이라고 이야기했다. 그래서 마침내 책을 쓰기로 결정하였고 이에 대해서 필(Phill)도 그 아이디어에 동의하였다.

이 책에서 들려준 이야기들은 수십 명의 과학자, 엔지니어, 사회과학자, 인문학자 그리고 기업가들과 나눈 대화에서 나왔다. 그들 모두는 자신의 시간, 발견 및 꿈을 온전히 나와 공유해 주었다. 그리고 나서도 그걸로 충분하지 않다면 그 사람들이 기꺼이 책의 초안을 검토까지 해주었다. 그들의 인내심과 관대함 그리고 그들의 유머 덕분에 이 책을 쓰는 동안 인생에서 가장 즐거운 경험을 가지게 되었다. 앞서 설명한 바와 같이 설득력 있고 유망한 수십 개의 예시들 중에서 몇 개만 선택하는 것이 가장 어려운 결정 중 하나였다. 그 결정들로부터 말미암아 생기는 여러 가지 오류와 누락은 오로지 모두 나의 몫이다.

벨처 안젤라(Angela Belcher)와 그의 학생들, 특히 랜실 알랜(Alan Ransil), 감동적이고 웃긴 아쿠아포린 이야기의 아그레 피터(Peter Agre), 아쿠아포린 애프터 서비스의 닐슨 헬릭스 클라우스(Claus Hélix-Nielsen)와 옌센 홀메 피터(Peter Holme Jensen) 그리고 아쿠아포린 애프터 서비스에서 나를 가르쳐준 모든 연구자들에게도 마음의 빚을 졌다. 바티아 상기타(Sangeeta Bhatia)와 그의 학생들, 특별히 권 에스터(Ester Kwon), 두다니 제이딥(Jaideep Dudani), 파델 타렉(Tarek Fadel), 수십 년간 뛰어난 동료인 도노휴 존(John Donoghue)과 그의 협력자 호치버그 레이(Leigh Hochberg), 허 휴(Hugh Herr)와 유잉 짐(Jim Ewing), 다른 사람들의 삶을 획기적으로개선하는 신기술로 자신의 도전을 바꾼 진정한 선구자들 그리고 오수르의 훌륭하고 우아한 지도력 모임에 있는 에이나르스도티르 힐두르(Hildur Einarsdóttir), 에이릭손 군나르(Gunnar Eiríksson), 킴 드 로이(Kim De Roy), 랭글루아 데이비드(David Langlois), 오드손 마그누스(Magnús Oddsson) 그리고 잉골프스티르 크리스틴(Kristín Ingólfsdóttir)이 이끄는 회사와 그리고 특히 지도자이자 통찰력 있는 스승이신 켈로그 토비 엘리자베스(Elizabeth Toby Kellogg)를 소개할 수밖에 없다. 캐링턴 제임스(James Carrington), 바트 베키(Becky Bart), 민디 다넬(Mindy Darnell), 노아 팔그렌(Noah Fahlgren) 및 나이젤 테일러(Nigel Taylor)등의 모두가 이 책의 초안을 기꺼이 읽어 주었다. 수잔 런델 싱어(Susan Rundell Singer)가 농업분야의 핵심기술로 높은 처리량 표현형을 제안해 주셨고 뿐만 아니라 끊임없이 좋은 아이디어와 그 분야에 대한 신중한 검토를 해 주셔서 감사드리고,

데보라 피츠제럴드(Deborah Fitzgerald)가 농업 진전에 대한 역사적 관점을 공유해줘서 매우 고맙게 생각한다. 바바라 샬(Barbara Schaal)은 나에게 도널드 댄포스 식물 과학 센터(Donald Danforth Plant Science Center)를 소개해 주었고 많은 문제에 대해 아낌없이 지혜를 나누어 주셨다. 도입부와 마지막 장에서의 역사적 그리고 정책적 반영 부분은 빌 본빌리언(Bill Bonvillian), 마크 캐스트너(Marc Kastner), 레슬리 밀러-니콜슨(Lesley Millar-Nicholson), 빌 아울렛(Bill Aulet), 에드 로버츠(Ed Roberts), 알 오펜하임(Al Oppenheim), 톰 로스코(Tom Rosko), 마일스 크롤리(Myles Crowley), 노라 머피(Nora Murphy)와 머피를 포함한 많은 대화 파트너들로부터 도움을 받았다. 게리 말란드라(Geri Malandra), 밥 밀라드(Bob Millard) 그리고 리사 슈바르츠(Lisa Schwarz)는 이 책의 초기 버전을 검토했고 자료를 더 이해하기 쉽게 만드는 방법에 대해 엄청나게 많은 도움과 제안들을 해주었다. 이러한 모든 사람들과 수많은 모험가들 모두가 나의 영웅이 되었고 또한 그들은 나의 친구가 되었고 마침내 멋지고 예상치 못한 내 인생의 보너스가 되었다.

이 책은 일반 독자를 대상으로 나의 첫 번째 책이며 나 또한 이 책을 통하여 많이 배웠다. 처음의 제안에서부터 마지막 장까지 특별히 함께 책을 개발해 주었던 토비 레스터(Toby Lester)는 끊임없이 격려해주었다. 토비는 사실을 바탕으로 쉽게 표현하는 방법에 대해 잘 알고 있으며 영감을 주는 동료 작가이다. 출판사(ICM)의 라프 사갈린(Rafe Sagalyn)은 책 출판의 숨겨진 세계와 여전히 건실한 독자층을 소개해주었다. 그는 아이디어를 책으로 바꾸는 과정에서 끊임없는 가이드와 같은 존재였다. 이 책의 매주 진행은 나의 연구 조수이자 생각을 나누는 파트너인 나비하 사클라옌(Nabiha Saklayen)의 지적 능력과 에너지 및 열정 덕분에 헤아릴 수 없을 정도로 향상되었다. 에린 달스트롬(Erin Dahlstrom)의 꼼꼼한 참고와 사실 확인은 디테일을 요구하는 마지막 순간에 기쁨으로 가득 찬 경험으로 만들어 주었다. 콕스 룩(Luk Cox)과 이도야 라호르티가(Idoya Lahortiga)는 복잡한개념 본질을 훌륭하게 포착해서 이를 멋지게 만들어 내었다. 노튼(Norton)의 편집장인 도 퀸(Quyn Do)과 글루스먼 존(John Glusman)은 처음부터 끝까지 전문가 지도와 격려를 제공해 주었다.

무수한 친구들과 동료들에게 내가 하고 있는 일을 솔직하게 말했을 때 "나도 그 책을 읽고 싶어요!"라고 말하며 용기를 북돋아준 것에 대해 이루 말할 수 없을 정도로 고맙게 생각한다.

마지막으로 책을 쓰는 것은 오랜 세월 동안 많은 것을 소모하게 된다. 그러나 책쓰기는 본인 요구와 기대를 가지고 시작하고 더 큰 삶의 맥락에서 진행된다. 가장 가까운 동료들의 믿을 수 없을 정도의 지지가 없었다면 이 책은 결코 나오지 않았을 것이다. 레슬리 프라이스(Leslie Price)에게 깊은 신세를 지고 있다. 프라이스는 수년간 엄청난 요청과 의무를 짊어지고도 늘 새로운 질서를 만들어 왔다. 끊임없는 책 집필 요구 때문에 그동안 수많은 초대를 거절한 동료들과 친구들의 은혜로움에도 고마움을 보낸다.

그리고 가장 중요한 것은, 남편 톰(Tom)과 딸 엘리자베스(Elizabeth)는 내 인생의 길잡이이자 사랑이었다. 그들은 함께 생각하고 함께 읽고 끊임없이 지혜와 통찰력과 사랑으로 나를 중심에 두었다.

역자 후기

미국의 MIT 총장을 지냈던 저자는 1년간의 안식년을 보내면서 이 책을 집필하였다고 한다. 생물학과 공학의 융합이라는 키워드에 의미를 살아나게끔 많은 자료 조사와 검증 절차를 걸쳤다. 한 줄 한 단어마다 검증된 수많은 인용 자료와 각 전문가를 직접 만나서 인터뷰한 자료들을 바탕으로 겸손한 자세와 배우는 자세로 글을 다듬어 나아갔다. 그 과정은 번역하는 과정 내내 나에게 큰 울림을 전달하였다. 저자는 평소에 주변의 많은 연구자들과 새로운 과학적 발견과 원활한 기술이전을 위한 모델을 이야기 나누었고 이러한 노력 덕분에 더욱 빠르게 융합을 가속화할 수 있었다. 현재를 살아가는 인류가 직면한 물과 식량 부족 문제, 에너지 문제, 의공학과 뇌과학 등을 생물학적 발견과 과학적인 접근 방식을 쉽게 이야기하듯 기술하였다. 동시에 체계적이고 공학적으로 문제를 구체화하고 문제의 해결책으로 융합연구의 과정을 독자들에게 바로 앞에 앉아서 흥미진진하게 전과정을 풀어가는 글 솜씨가 흥미로웠다. 나 역시 책을 읽는 내내 쉽게 손에서 놓지 못했던 사실을 고백할 수 밖에 없었다.

저자가 이 책에서 들려준 이야기들은 수십 명의 과학자, 엔지니어, 사회과학자, 인문학자 그리고 기업가들과 나눈 대화로부터 나왔다고 하였다. 그리고 그들 모두는 자신의 시간, 발견 및 꿈을 온전히 공유해 주었다고 하면서 특별한 고마움을 남겼다. 이러한 자세로 글을 시작하는 저자가 매우 감동적이었다. 또한 그 사람들이 기꺼이 책의 초안을 검토까지 해주었고 그들의 인내심과 관대함 그리고 그들의 유머 덕분에 이 책을 쓰는 동안 인생에서 가장 즐거운 경험을 가지게 되었다고 언급하는 저자의 설명은 매우 섬세한 감사의 표현이었다. 그들로부터 들었던 여러 가지 예시들 중에서 몇 개만 선택하는 것이 가장 어려운 결정이었고 그로부터 말미암아 생기는 갖가지 오류와 누락은 "오로지 모두 나의 몫"이라고 말하는 저자의 겸손함은 저절로 감탄이 나오는 대목이었다. 저자가 만났던 모든 사람들과 수많은 모험가들 모두를 "나의 영웅"이 되었고 또한 "나의 친구"가 되었고 마침내 멋지고 예상치 못한 "인생의 보너스"가 되었다는 저자의 고백 역시 저자의 평소의 삶을 대하는 소탈함을 그대로 보여주는 동시에 대가다운 칭찬이었다.

한 권의 책을 번역하면서 되돌아보면 역자의 경우에 주어진 그 안식년 기간에 무엇을 하였는지 다시 생각하게 만들었다. 기계공학을 전공하고 나노과학기술을 연구한 지 어느 듯 20년이 지나고 있다. 여기저기서 너도 나도 융합이란 단어를 쉽게 말해왔지만 정작 이 책에서 진정으로 말하는 융합 연구 사례에 비해서 부족함을 많이 발견하였다. 이 책을 통해서 저자의 글을 꼼꼼히 우리말로 옮기는 일을 맡았다는 것은 좋은 기회였다. 논문 몇 편으로 끝나는 그동안의 연구 결과를 스스로 되돌아보는 계기가 되었다. 물론 모든 연구가 기업으로 기술 이전되고 제품화된다는 것은 매우 어려운 일이라는 것은 연구자라면 누구나 알고 있는 사실이다. 그럼에도 불구하고 이 책에서 소개한 융합기술 연구가 돋보이는 것은 논문 이상을 넘어서서 기술이전이 기업체로 확대되었다는 것이 고무적이다.

저자는 근무했던 예일대와 MIT의 학제 간 연구에서 먼저 학과간의 조직은 유지하면서 융합혁신적인 접근 방식을 설계하여 학교 내에 연구소와 연구기관을 설립하고 세상에 더 나은 서비스를 제공하는 길을 열어 보여주었다. 수많은 과학자들과 엔지니어들과 함께 걸어온 길을 통하여 미래의 연구방향을 깨우쳤을 뿐만 아니라 다가오는 다음 세기에 벅찬 도전에 직면할 것이며 이를 극복하기 위해서는 인류 모두의 강력한 야망과 의지를 불러일으킴에 주저함이 없었다. 또한 이러한 동기부여가 깨끗한 물이 부족하거나, 진단되지 않은 질병으로 일찍 죽거나, 장애로 인한 생활이 방해받거나 혹은 불충분한 식량으로 인한 정치적 불안정 상태와 위협을 완화하며 새로운 길을 발명하고 영감을 제공하는 예시를 보여 주었다고 생각한다.

역자의 3차원레이저연구실에 있는 대학원생과 학부생들에게 이 책을 소개하면서 공학자로서 가져야 할 미래의 인류에 대한 책임감을 같이 소소한 담소와 같이 전달하게 되어 매우 고맙게 생각한다.

책 한 권을 우리말로 옮긴다는 것은 시간적으로나 체력적으로나 많은 것을 필요로 한다. 반복적으로 발견되는 오탈자와 번역의 어색한 어귀 등을 마지막까지 내 주변의 모든 이의 도움으로 찾아내었다. 강압적이지 않고 편하게 한번쯤 읽기를 권하는 마음을 유지하면서 연구실의 홍성무 박사, 이준욱 박사, 강보석 박사 과정생, 김진수 박사 과정생, 이관수 석사 과정생 그리고 실험실 예비창업기업의 신호준 석사 과정생 모두에게 고마움을 남긴다.

주석

서문

1) 혁명적인 융합: P. Sharp, T. Jacks, and S. Hockfield, "Capitalizing on Convergence for Health Care," Science 352, no. 6293 (2016): 1522–23, http://doi.org/10.1126/science.aag2350; Phillip Sharp and Susan Hockfield, "Convergence: The Future of Health," Science 355, no. 6325 (2017): 589, http://doi.org/10.1126/science.aam8563.
2) 오늘날 약 76억명의 세계 인구: United Nations Department of Economic and Social Affairs Population Division, "World Urbanization Prospects: The 2018 Revision," 2018, http://population.un.org/wup/DataQuery.
3) 결과 때문에 힘겨운 씨름을: Chunwu Zhu et al.,"Carbon Dioxide (CO2) Levels This Century Will Alter the Protein, Micronutrients, and Vitamin Content of Rice Grains with Potential Health Consequences for the Poorest Rice-Dependent Countries," Science Advances 4, no. 5 (2018): 1–8,http://doi.org/10.1126/sciadv.aaq1012.
4) 기온과 해수면이 상승하고 있고: John A. Church and Neil J. White, "A 20th Century Acceleration in Global Sea-Level Rise," Geophysical Research Letters 33, no. 1 (2006): 94–97, http://doi.org/10.1029/2005GL024826; Benjamin D. Santer et al., "Tropospheric Warming over the Past Two Decades," Scientific Reports 7, no. 1 (2017): 3–8, http://doi.org/10.1038/s41598-017-02520-7.

5) 영국의 인구는 더욱 빠르게 증가했다: UK Census Online Project. Last modified May 29, 2015, http://www.freecan.org.uk.

6) 멜서스 로버트 토마스 목사: Thomas Robert Malthus, "An Essay on the Principle of Population as It Affects the Future Improvement of Society," 1798. x England's population grew even more rapidly: UK Census Online Project. Last modified May 29, 2015, http://www.freecen.org.uk.

7) 기술 주도의 농업 혁명: Mark Overton, Agricultural Revolution in England: The Transformation of the Agrarian Economy (Cambridge: Cambridge University Press, 1996); Robert C. Allen, "Tracking the Agricultural Revolution in England," Economic History Review 52, no. 2 (1999): 209–35, http://doi.org/10.1111/1468-0289.00123.

8) 생물학과 공학은 이전에는 상상할 수 없었던 새로운 방식으로 융합되고 있으며: Susan Hockfield, "The Next Innovation Revolution," Science 323, no. 5918 (2009): 1147, http://doi.org/10.1126/science.1170834; Susan Hockfield, "A New Century's New Technologies," Project Syndicate (2015), http://www.project-syndicate.org/commentary/engineering-biotech-innovations-by-susan-hockfield-2015-01.

제1장: 미래는 어디에서 오는가?

9) MIT 대학교 법인의 이른 아침 회의에서: Marcella Bombardieri and Jenna Russell, "Female Leadership Signals Shift at MIT," Boston Globe, August 27, 2004; Arthur Jones, "Susan Hockfield Elected MIT's 16th President," TechTalk 49, no. 1 (2004); Katie Zezima, "M.I.T. Makes Yale Provost First Woman to Be Its Chief," New York Times, August 27, 2004, http://doi.org/10.13140/2.1.3945.0402.

10) 공대 학장은 보고했다: Thomas Magnanti, in discussion with the author, fall 2004.

11) 생물학적 메커니즘을 설명하다: H. F. Judson, The Eighth Day of Creation: The Makers of the Revolution in Biology (Plainview, NY: CSHL Press, 1996).

12) 왓슨 제임스, 크릭 프랜시스, 윌킨스 모리어스, 프랭클린 로잘린드: Rosalind E. Franklin and R. G. Gosling, "Evidence for 2-Chain Helix in Crystalline Structure of Sodium Deoxyribonucleate," Nature 172, no. 4369 (1953): 156–57; Rosalind E. Franklin and R. G. Gosling, "Molecular Configuration in Sodium Thymonucleate," *Nature* 171, no. 4356 (1953): 740–41; J. D. Watson and F. H. Crick, "Molecular Structure of Nucleic Acids: A Structure for Deoxyribose Nucleic Acid," Nature 171, no. 4356 (1953): 737–38; M. H. F. Wilkins, "Molecular Configuration of Nucleic Acids," Science 140, no. 3570 (1963): 941–50.

13) 인간 게놈 지도: E. S. Lander et al., "Initial Sequencing and Analysis of the Human Genome," *Nature* 409, no. 6822 (2001): 860–921, http://doi.org/10.1038/35057062; J. C. Venter et al., "The Sequence of the Human Genome," Science 291, no. 5507 (2001): 1304–51, http://doi.org/10.1126/science.1058040.

14) 왓슨은 또한 그 가능성을 예견했다: Cold Spring Harbor Symposia on Quantitative Biology, Molecular Neurobiology, XLVIII, C. S. H. Laboratory, 1983.

15) 1897년에 위대한 물리학자 조지프 존 톰슨: Joseph John Thomson, "XL. Cathode Rays," The London, Edinburgh, and Dublin Philosophical Magazine and Journal of Science 44, no. 269 (1897): 293–316, http://doi.org/10.1080/14786449708621070. among them Marie and Pierre Curie, Wilhelm Roentgen, and Ernest Rutherford: Ernest Rutherford, "LXXIX. The Scattering of α and β Particles by Matter and the Structure of the Atom," Philosophical

Magazine Series 6, 21, no. 125 (1911): 669–88, http://doi.org/10.1080/14786440508637080; Otto Glasser, "W. C. Roentgen and the Discovery of the Roentgen Rays," American Journall of Roentgenology 165 (1995): 1033–40; R. F. Mould, "Marie and Pierre Curie and Radium: History, Mystery, and Discovery," Medical Physics 26, no. 9 (1999): 1766–72, http://doi.org/10.1118/1.598680.

16) 우리는 깨어났다: National Academy of Sciences, Office of the Home Secretary, Biographical Memoirs, vol. 61 (Washington, DC: National Academy Press, 1992). he told the Daily Princetonian: National Academy of Sciences, Office of the Home Secretary, Biographical Memoirs, vol. 61 (Washington, DC: National Academy Press, 1992).

17) 그가 만든 연구소는: T. A. Saad, "The Story of the M.I.T. Radiation Laboratory," IEEE Aerospace and Electronic Systems Magazine (October 1990): 46–51.

18) 콤프턴은 다음 의견에 대해 논의했다: James Adelstein, "Robley Evans and What Physics Can Do for Medicine," Cancer Biotherapy and Radiopharmaceuticals 16, no. 3 (2001): 179–85, http://doi.org/10.1089/10849780152389375.

19) 방사성 표지를 원소에 통합하는: Angela N. H. Creager, "Phosphorus-32 in the Phage Group: Radioisotopes as Historical Tracers of Molecular Biology," Studies in History and Philosophy of Biological and Biomedical Sciences 40, no. 1 (2009): 29–4 http://doi.org/10.1016/j.shpsc.2008.12.005.Phosphorus-32.

20) 환자들을 성공적으로 치료하게 되었다: S. Hertz, A. Roberts, and R. D. Evans, "Radioactive Iodine as an Indicator in the Study of Thyroid Physiology," Proceedings of the Society for Experimental Biology and Medicine 38 (1938): 510–13; S. Hertz and A. Roberts, "Radioactive Iodine in the Study of Thyroid Physiology: VII. The Use of Radioactive Iodine Therapy in Hyperthyroidism," Journal of

the American Medical Association 131, no. 2 (1946): 81–86; Derek Bagley, "January 2016: Thyroid Month: The Saga of Radioiodine Therapy," Endocrine News (January 2016); Frederic H. Fahey, Frederick D. Grant, and James H. Thrall, "Saul Hertz, MD, and the Birth of Radionuclide Therapy," EJNMMI Physics 4, no. 1 (2017), http://doi.org/10.1186/s40658-017-0182-7.

21) 생물학 공학을 위한 교육 과정: MIT Reports to the President 73, no. 1 (1937): 19–113; Karl T. Compton and John W. M. Bunker, "The Genesis of a Curriculum in Biological Engineering," Scientific Monthly 48, no. 1 (1939): 5–15.

22) MIT 대학교 생물학과의 이름을 바꾸다: MIT Reports to the President 80, no. 1 (1944): 8.

23) 그는 미국의 노력을 이끌었다: National Academy of Sciences, Office of the Home Secretary, Biographical Memoirs, vol. 61 (Washington, DC: National Academy Press, 1992).

24) 폴즈 마틴, 환경 엔지니어: Janelle R. Thompson et al., "Genotypic Diversity within a Natural Coastal Bacterioplankton Population," Science 307, no. 5713 (2005): 1311–13, http://doi.org/10.1126/science.1106028; Dikla Man-Aharonovich et al., "Diversity of Active Marine Picoeukaryotes in the Eastern Mediterranean Sea Unveiled Using Photosystem-II psbA Transcripts," ISME Journal 4, no. 8 (2010): 1044–52, http://doi.org/10.1038/ismej.2010.25.

25) 프레더 존스 크리스탈라, 화학 공학자: Kristala Jones Prather et al., "Industrial Scale Production of Plasmid DNA for Vaccine and Gene Therapy: Plasmid Design, Production, and Purification," Enzyme and Microbial Technology 33, no. 7 (2003): 865–83, http://doi.org/10.1016/S0141-0229(03)00205-9; Kristala L. Jones Prather and Collin H. Martin, "De Novo Biosynthetic Pathways: Rational Design of Microbial Chemical Factories," Current Opinion in

Biotechnology 19, no. 5 (2008): 468–74, http://doi.org/10.1016/j.copbio.2008.07.009; Micah J. Sheppard, Aditya M. Kunjapur, and Kristala L. J. Prather, "Modular and Selective Biosynthesis of Gasoline-Range Alkanes," Metabolic Engineering 33 (2016): 28–40, http://doi.org/10.1016/j.ymben.2015.10.010.

26) 물리학자였다가 생물학자가 된 마날리스 스콧: Thomas P. Burg et al., "Weighing of Biomolecules, Single Cells and Single Nanoparticles in Fluid," Nature 446, no. 7139 (2007): 1066–69, http://doi.org/10.1038/nature05741; Nathan Cermak et al., "High-Throughput Measurement of Single-Cell Growth Rates Using Serial Microfluidic Mass Sensor Arrays," Nature Biotechnology 34, no. 10 (2016): 1052–59, http://doi.org/10.1038/nbt.3666; Arif E. Cetin et al., "Determining Therapeutic Susceptibility in Multiple Myeloma by Single-Cell Mass Accumulation," Nature Communications 8, no. 1 (2017), http://doi.org/10.1038/s41467-017-01593-2.

27) 가장 다작의 생물학 공학자로 여겨지는 로버트 랭거: Hannah Seligson, "Hatching Ideas, and Companies, by the Dozens at M.I.T.," New York Times, November 24, 2012, http://www.nytimes.com/2012/11/25/business/mit-lab-hatches-ideas-and-companies-by-the-dozens.html; Joel Brown, "MIT Scientist Robert Langer Talks about the Future of Research," Boston Globe, May 8, 2015, http://www.bostonglobe.com/magazine/2015/05/08/mit-scientist-robert-langer-talks-about-future-research/I0ggn93cxapR8omjcrM1hI/story.html.

제2장: 생물학이 더 나은 배터리를 만들 수 있는가?

28) 오랜 관습에서 벗어난 새로운 아이디어의 가능성을 스스로 증명했다: Sandra R. Whaley et al., "Selection of Peptides with Semiconductor

Binding Specificity for Directed Nanocrystal Assembly," Nature 405, no. 6787 (2000): 665–68, http://doi.org/10.1038/35015043. in 2002, Technology Review named her: "Innovators Under 35 2002: Angela Belcher," MIT Technology Review, 2002, http://www2.technologyreview.com/tr35/profile.aspx?trid=229. a MacArthur Foundation Genius Grant: "MacArthur Fellows Program: Angela Belcher," 2004, http://www.macfound.org/fellows/727/.

29) 사이언티픽 아메리칸은 그녀를 올해의 연구 리더로 선정했다: J. R. Minkel, "Scientific American 50: Research Leader of the Year," Scientific American, November 12, 2006, http://www.scientificamerican.com/article/scientific-american-50-re/.

30) 미네랄 화합물인 탄산칼슘(CaCO3)을 풍부하게: A. M. Belcher et al., "Control of Crystal Phase Switching and Orientation by Soluble Mollusc-Shell Proteins," Nature 381, no. 56–58 (May 1996), http://doi.org/10.1038/381056a0.

31) 전복 껍질의 1/3,000 정도의 강도: Bettye L. Smith et al., "Molecular Mechanistic Origin of the Toughness of Natural Adhesives, Fibers and Composites," Nature 399, no. 6738 (1999): 761–63, http://doi.org/10.1038/21607.

32) 이 반투명한 터키석 수정: Stanislas Von Euw et al., "Biological Control of Aragonite Formation in Stony Corals," Science 356, no. 6341 (2017): 933–38, http://doi.org/10.1126/science.aam6371.

33) 뼈와 식물의 재: F. Berna et al: "Microstratigraphic Evidence of in Situ Fire in the Acheulean Strata of Wonderwerk Cave, Northern Cape Province, South Africa," *Proceedings of the National Academy of Sciences* 109, no. 20 (2012): 1215–20, http://doi.org/10.1073/pnas.1117620109.

34) 네안데르탈인은 약 40만년 전에 불을 사용했다: W. Roebroeks and P. Villa, "On the Earliest Evidence for Habitual Use of Fire in Europe,"

Proceedings of the National Academy of Sciences 108, no. 13 (2011): 5209–14, http://doi.org/10.1073/pnas.1018116108.

35) 페흐 델 아제 I의 고고학적 증거: Peter J. Heyes et al., "Selection and Use of Manganese Dioxide by Neanderthals," Scientific Reports 6 (2016), http://doi.org/10.1038/srep22159.

36) 태양광의 광자를 에너지원으로 제공받는다: Albert Einstein, "Über Einen Die Erzeugung Und Verwandlung Des Lichtes Betreffenden Heuristischen Gesichtspunkt," Annalen der Physik (Leipzig) 1905, http://doi.org/10.1002/pmic.201000799; A. B. Arons and M. B. Peppard, "Einstein's Proposal of the Photon Concept—A Translation of the Annalen der Physik Paper of 1905," American Journal of Physics 33, no. 5 (1964): 367–74.

37) 미국의 주요 에너지원: Energy Information Administration Office of Energy Markets and End Use, Annual Energy Review 2006, 2007, http://doi.org/DOE/EIA-0384(2006).

38) 미국의 총 에너지 소비량: U.S. Energy Information Administration, "U.S. Energy Facts Explained." Last modified May 19, 2017, http://www.eia.gov/energyexplained/?page=us_energy_home.

39) 오랜 기간의 상대적 안정성을 겪은 뒤에: J. R. Petit et al., "Climate and Atmospheric History of the Past 420,000 Years from the Vostok Ice Core, Antartica," Nature 399, no. 6735 (1999): 429–36, https://doi.org/10.1038/20859; NASA Global Climate Change: Vital Signs of the Planet, "Graphic: The Relentless Rise of Carbon Dioxide." Last modified November 15, 2018, https://climate.nasa.gov/climate_resources/24/graphic-the-relentless-rise-of-carbon-dioxide/.

40) 100톤에 가까운 식물성 재료: Jeffrey S. Dukes, "Burning Buried Sunshine: Human Consumption of Ancient Solar Energy," Climatic Change 61, no. 1–2 (2003): 31–44, http://doi.org/10.1023/A:1026391317686.

41) 1950년과 1980년 사이에 중국의 국가 정책: Yuyu Chen et al., "Evidence on the Impact of Sustained Exposure to Air Pollution on Life Expectancy from China's Huai River Policy," Proceedings of the National Academy of Sciences 110, no. 32 (2013): 12936–41, http://doi.org/10.1073/pnas.1300018110/-/DCSupplemental.www.pnas.org/cgi/doi/10.1073/pnas.1300018110.

42) 세계의 에너지 수요: D. Larcher and J. M. Tarascon, "Towards Greener and More Sustainable Batteries for Electrical Energy Storage," Nature Chemistry 7, no. 1 (2015): 19–29, http://doi.org/10.1038/nchem.2085.

43) 오늘날의 약 76억 명에서: United Nations Department of Economic and Social Affairs Population Division, "World Urbanization Prospects: The 2018 Revision," 2018, http://population.un.org/wup/DataQuery.

44) 미국인은 평균적으로 전기를 소비한다: on average: The World Bank Group, "Electric Power Consumption (kWh per capita)." Last modified 2014, http://data.worldbank.org/indicator/EG.USE.ELEC.KH.PC?locations=US.

45) 방글라데시인은 평균적으로 전기를 소비한다: The World Bank Group, "Electric Power Consumption (kWh per capita)." Last modified 2014, http://data.worldbank.org/indicator/EG.USE.ELEC.KH.PC?locations=IN-PK-BD-LK-NP-AF.

46) "간헐성"은 유행어가 되었다: William A. Braff, Joshua M. Mueller, and Jessika E. Trancik, "Value of Storage Technologies for Wind and Solar Energy," Nature Climate Change 6, no. 10 (2016): 964–69, http://doi.org/10.1038/nclimate3045.

47) 첫 번째 전지는 1800년으로 거슬러 올라간다: "The Letters of Alessandro Volta," Electrical Engineering 71, no. 9 (1952): 773–76, http://doi.org/10.1109/EE.1952.6437680.

48) 첫 번째 충전식 전지는 성공적으로: P. Kurzweil, "Gaston Planté and His Invention of the Lead-Acid Battery—The Genesis of the First Practical Rechargeable Battery," Journal of Power Sources 195, no. 14 (2010): 4424–34, http://doi.org/10.1016/j.jpowsour.2009.12.126.

49) 훨씬 가볍고 안전한 전지: Bruno Scrosati and Jürgen Garche, "Lithium Batteries: Status, Prospects and Future," Journal of Power Sources 195, no. 9 (2010): 2419–30, http://doi.org/10.1016/j.jpowsour.2009.11.048; Akira Yoshino, "The Birth of the Lithium-Ion Battery," Angewandte Chemie—International Edition 51, no. 24 (2012): 5798–5800, http://doi.org/10.1002/anie.201105006.

50) 전지의 표준 제조 공정: Antti Väyrynen and Justin Salminen, "Lithium-Ion Battery Production," Journal of Chemical Thermodynamics 46 (2012): 80–85, http://doi.org/10.1016/j.jct.2011.09.005.

51) 2,250갤런의 휘발유가 연소됨: Tesla, "Model S: The Best Car." Last modified 2018, http://www.tesla.com/models. 34 dozens of promising new technologies: Sung Yoon Chung, Jason T. Bloking, and Yet Ming Chiang, "Electronically Conductive Phospho-Olivines as Lithium Storage Electrodes," Nature Materials 1, no. 2 (2002): 123–28, http://doi.org/10.1038/nmat732; Won Hee Ryu et al., "Heme Biomolecule as Redox Mediator and Oxygen Shuttle for Efficient Charging of Lithium-Oxygen Batteries," Nature Communications 7 (2016), http://doi.org/10.1038/ncomms12925.

52) 이산화탄소 20톤: United States Environmental Protection Agency, "Greenhouse Gas Equivalencies Calculator." Last modified September 2017, http://www.epa.gov/energy/greenhouse-gas-equivalencies-calculator

53) IVL 스웨덴 환경 연구원이 예측했다: Mia Romare and Lisbeth Dahllöf, "The Life Cycle Energy Consumption and Greenhouse Gas

Emissions from Lithium-Ion Batteries and Batteries for Light-Duty Vehicles," IVL Swedish Environmental Research Institute Report C 243, 2017.

54) 스탠포드 대학교의 이 최와 그의 동료들: Nian Liu et al., "A Pomegranate-Inspired Nanoscale Design for Large-Volume-Change Lithium Battery Anodes," Nature Nanotechnology 9, no. 3 (2014): 187–92, http://doi.org/10.1038/nnano.2014.6; Haotian Wang et al., "Direct and Continuous Strain Control of Catalysts with Tunable Battery Electrode Materials," Science 354, no. 6315 (2016): 1031–36.

55) 남양 이공 대학교 신 제상: Dongliang Chao et al., "Array of Nanosheets Render Ultrafast and High-Capacity Na-Ion Storage by Tunable Pseudocapacitance," Nature Communications 7 (2016): 1–8, http://doi.org/10.1038/ncomms12122.

56) 단백질 캡슐로 구성되어 있다: Nancy Trun and Janine Trempy, "Chapter 7: Bacteriophage," in Fundamental Bacterial Genetics (Hoboken, NJ: Wiley-Blackwell, 2003), 105–25, http://www.blackwellpublishing.com/trun/pdfs/Chapter7.pdf.

57) 3억년 전으로 거슬러 올라가면: Julien Thézé et al., "Paleozoic Origin of Insect Large dsDNA Viruses," *Proceedings of the National Academy of Sciences* 108, no. 38 (2011): 15931–35, https://doi.org/10.1073/pnas.1105580108.

58) 처음으로 DNA의 구조를 발표했다: J. D. Watson and F. H. Crick, "Molecular Structure of Nucleic Acids: A Structure for Deoxyribose Nucleic Acid," Nature 171, no. 4356 (1953): 737–38; H. F. Judson, The Eighth Day of Creation: The Makers of the Revolution in Biology (Plainview, NY: CSHL Press, 1996).

59) 허시 알프레드와 체이스 마르타는 바이러스를 사용한 것으로 유명하다: A. D. Hershey and Martha Chase, "Independent Functions of Viral Protein and Nucleic Acid in Growth of Bacteriophage,"

Journal of General Physiology 36 (1952): 39–56; Angela N. H. Creager, "Phosphorus-32 in the Phage Group: Radioisotopes as Historical Tracers of Molecular Biology," Studies in History and Philosophy of Biological and Biomedical Sciences 40, no. 1 (2009): 29–42, http://doi.org/10.1016/j.shpsc.2008.12.005.Phosphorus-32.

60) 바이러스 기반 배터리 전극을 생산하다: Ki Tae Nam et al., "Genetically Driven Assembly of Nanorings Based on the M13 Virus," Nano Letters 4, no. 1 (2004): 23–27; Yu Huang et al., "Programmable Assembly of Nanoarchitectures Using Genetically Engineered Viruses," *Nano Letters* 5, no. 7 (2005): 1429–34, http://doi.org/10.1021/nl050795d; K. T. Nam et al., "Stamped Microbattery Electrodes Based on Self-Assembled M13 Viruses," *Proceedings of the National Academy of Sciences* 105, no. 45 (2008): 17227–31, http://doi.org/10.1073/pnas.0711620105; Dahyun Oh et al., "M13 Virus-Directed Synthesis of Nanostructured Metal Oxides for Lithium-Oxygen Batteries," Nano Letters 14, no. 8 (2014): 4837–45, http://doi.org/10.1021/nl502078m; Maryam Moradi et al., "Improving the Capacity of Sodium-Ion Battery Using a Virus-Templated Nanostructured Composite Cathode," Cathode," Nano Letters 15, no. 5 (2015): 2917–21, http://doi.org/10.1021/nl504676v.

61) 바이러스가 있는 새로운 양극의 성공: Ki Tae Nam et al., "Virus-Enabled Synthesis and Assembly of Nanowires for Lithium-Ion Battery Electrodes," Science 312, no. 5775 (2006): 885–88, http://doi.org/10.1126/science.1122716; Yun Jung Lee et al., "Biologically Activated Noble Metal Alloys at the Nanoscale: For Lithium Ion Battery Anodes," *Nano Letters* 10, no. 7 (2010): 2433–40, http://doi.org/10.1021/nl1005993.

62) 음극에도 같은 일을 성공했다: Yun Jung Lee et al., "Fabricating Genetically Engineered High-Power Lithium-Ion Batteries Using

Multiple Virus Genes," Science 324, no. 5930 (2009): 1051–55, http://doi.org/10.1126/science.1171541; Dahyun Oh et al., "Biologically Enhanced Cathode Design for Improved Capacity and Cycle Cathode," Nano Letters 15, no. 5 (2015): 2917–21, http://doi.org/10.1021/nl504676v.

63) 오바마 버락 대통령이 MIT 대학교를 방문했다: David Chandler and Greg Frost, "Hockfield, Obama Urge Major Push in Clean Energy Research Funding," MIT Tech Talk 53, no. 20 (2009): 1–8.

64) 150~200kg의 이산화탄소: Mia Romare and Lisbeth Dahllöf, "The Life Cycle Energy Consumption and Greenhouse Gas Emissions from Lithium-Ion Batteries and Batteries for Light-Duty Vehicles," IVL Swedish Environmental Research Institute Report C 243, 2017.

65) 표준 배터리 제조 프로세스: J. B. Dunn et al., "Material and Energy Flows in the Materials Production, Assembly, and End-of-Life Stages of the Automotive Lithium-Ion Battery Life Cycle," Argonne National Laboratory Energy Systems Division (2012), http://doi.org/10.1017/CBO9781107415324.004.

66) 세계 원유 생산량이 두 배 이상 증가했다: Energy Information Administration Office of Energy Markets and End Use, Annual Energy Review 2006 (2007), http://doi.org/DOE/EIA-0384(2006).

제3장: 물, 물은 어디에서나

67) 아그레 피터는 우연히 발견했다: Peter Agre, "The Aquaporin Water Channels," Proceedings of the American Thoracic Society 3 (2006): 5–13, http://doi.org/10.1513/pats.200510-109JH.

68) 리저스 병을 일으킬 수 있는 단백질: P. Agre and J. P. Cartron, "Molecular Biology of the Rh Antigens," Blood 78, no. 3 (1991):

551–63; Neil D. Avent and Marion E. Reid, "The Rh Blood Group System: A Review," Blood 95, no. 2 (2000): 375–87.

69) 그는 고전적인 전략을 따랐다: Peter Agre et al., "Purification and Partial Characterization of the Mr 30,000 Integral Membrane Protein Associated with the Erythrocyte Rh(D) Antigen," Journal of Biological Chemistry 262, no. 36 (1987): 17497–503; A. M. Saboori, B. L. Smith, and P. Agre, "Polymorphism in the Mr 32,000 Rh Protein Purified from Rh(D)-Positive and -Negative Erythrocytes," *Proceedings of the National Academy of Sciences of the United States of America* 85, no. 11 (1988): 4042–45, http://doi.org/10.1073/pnas.85.11.4042.

70) 2003년 노벨 화학상: Peter Agre, "Aquaporin Water Channels: Nobel Lecture," 2003.

71) 우리 몸의 50% 이상: H. H. Mitchell et al., "The Chemical Composition of the Adult Human Body and Its Bearing on the Biochemistry of Growth," *Journal of Biological Chemistry* 158 (1945): 625–37; ZiMian Wang et al., "Hydration of Fat-Free Body Mass: Review and Critique of a Classic Body-Composition Constant," American Journal of Clinical Nutrition 69 (1999): 833–841.

72) 약 3억 갤런: USGS Water Science School, "How Much Water Is There on, in, and above the Earth?" Last modified December 2, 2016, http://water.usgs.gov/edu/earthhowmuch.html.

73) 95% 이상이 짠 바닷물: USGS Water Science School, "The World's Water." Last modified December 2, 2016, http://water.usgs.gov/edu/earthwherewater.html.

74) 10억 명이 넘는 사람들이 이용할 수 없다: WWAP (United Nations World Water Assessment Programme), The United Nations World Water Development Report 2015: Water for a Sustainable World (Paris: UNESCO, 2015).

75) 소금물 및 오염된 물을 깨끗이 만드는 것: Quirin Schiermeier,

"Water: Purification with a Pinch of Salt," Nature 452, no. 7185 (2008): 260–61, http://doi.org/10.1038/452260a; Peter Gleick, "Why Don't We Get Our Drinking Water from the Ocean by Taking the Salt out of Seawater?," Scientific American Special Report: Confronting a World Freshwater Crisis (July 23, 2008); Ben Corry, "Designing Carbon Nanotube Membranes for Efficient Water Desalination," Journal of Physical Chemistry B 112, no. 5 (2008): 1427–34, http://doi.org/10.1021/jp709845u.

76) 고대 이집트의 벽화들: George E. Symons, "Water Treatment through the Ages," American Water Works Association 98, no. 3 (2006): 87–97; Manish Kumar, Tyler Culp, and Yuexiao Shen, "Water Desalination: History, Advances, and Challenges," T*he Bridge: Linking Engineering and Society* 46, no. 4 (2016): 21–29, http://doi.org/10.17226/24906.Page 186 of 229, Location 2383 of 3298

77) 아리스토텔레스는 증류에 의한 정화를 기술했다: Aristotle, Meteorology, trans. E. W. Webster. 350 BCE. Available at http://classics.mit.edu/Aristotle/meteorology.1.i.html.

78) 증류와 여과를 통한 정수 작업: James E. Miller, "Review of Water Resources and Desalination Technologies," SAND Report (2003): 1–54, http://doi.org/SAND 2003-0800; T. M. Mayer, P. V. Brady, and R. T. Cygan, "Nanotechnology Applications to Desalination: A Report for the Joint Water Reuse and Desalination Task Force," Sandia Report (2011): 1–34; Muhammad Wakil Shahzad et al., "Energy-Water-Environment Nexus Underpinning Future Desalination Sustainability," *Desalination* 413 (2017): 52–64, http://doi.org/10.1016/j.desal.2017.03.009.

79) 아그레 피터의 1992년 발견: Gregory M. Preston et al., "Appearance of Water Channels in Xenopus Oocytes Expressing Red Cell CHIP28 Protein," Science 256 (1992): 385–87, http://doi.org/http://science.

sciencemag.org/content/256/5055/385.

80) 아그레는 1988년에 논문을 발표하였다: B. M. Denker et al., "Identification, Purification, and Partial Characterization of a Novel Mr 28,000 Integral Membrane Protein from Erythrocytes and Renal Tubules," Journal of Biological Chemistry 263, no. 30 (1988): 15634–42; M. P. De Vetten and P. Agre, "The Rh Polypeptide Is a Major Fatty Acid-Acylated Erythrocyte Membrane Protein," *Journal of Biological Chemistry* 263, no. 34 (1988): 18193–96.

81) 임상 혈액학자이자 종양학자인 존: Peter Agre, "Peter Agre—Biographical," in Les Prix Nobel, ed. Tore Frangsmyr (Stockholm: Nobel Foundation, 2004), http://www.nobelprize.org/nobel_prizes/chemistry/laureates/2003/agre-bio.html.

82) 우리 몸을 구성하는 35조개의 세포: Eva Bianconi et al., "An Estimation of the Number of Cells in the Human Body," *Annals of Human Biology* 40, no. 6 (2013): 463–71, http://doi.org/10.3109/03014460.2013.807878.

83) 일부 연구자들은 독특한 통로 단백질이 존재한다고 이론을 세웠다: Mario Parisi et al., "From Membrane Pores to Aquaporins: 50 Years Measuring Water Fluxes," *Journal of Biological Physics* 33, no. 5–6 (2007): 331–43, http://doi.org/10.1007/s10867-008-9064-5.

84) 피터와 존은 1991년에 만났다: Peter Agre et al., "Aquaporin Water Channels—From Atomic Structure to Clinical Medicine," *Journal of Physiology* 542, no. 1 (2002): 3–16, http://doi.org/10.1113/jphysiol.2002.020818.

85) 다른 필터를 가로질러 확산되는 것: G. Hummer, J. C. Rasaiah, and J. P. Noworyta, "Water Conduction through the Hydrophobic Channel of a Carbon Nanotube," Nature 414 (2001): 188–90.

86) 피터와 동료들은 특정 DNA 가닥을 확인했다: G. M. Preston and P. Agre, "Isolation of the cDNA for Erythrocyte Integral Membrane

Protein of 28 Kilodaltons: Member of an Ancient Channel Family," *Proceedings of the National Academy of Sciences* 88, no. 24 (1991): 11110–14, http://doi.org/10.1073/pnas.88.24.11110.

87) 그는 불가사의한 단백질의 RNA를 주입했다: Gregory M. Preston et al., "Appearance of Water Channels in Xenopus Oocytes Expressing Red Cell CHIP28 Protein," Science 256 (1992): 385–87, http://doi.org/http://science.sciencemag.org/content/256/5055/385.

88) 아쿠아포린이라는 이름 지었다: Peter Agre, Sei Sasaki, and Maarten J. Chrispeels, "Aquaporins: A Family of Water Channel Proteins," Journal of Physiology 265, no. 461 (1993): 92093; P. Agre et al., "Aquaporin CHIP: The Archetypal Molecular Water Channel," American Journal of Physiology 265 (1993): F463–76, http://doi.org/10.1085/jgp.79.5.791.

89) 아쿠아포린의 전체 계열: Peter Agre, Dennis Brown, and Søren Nielsen, "Aquaporin Water Channels: Unanswered Questions and Unresolved Controversies," Current Opinion in Cell Biology 7, no. 4 (1995): 472–83, http://doi.org/10.1016/0955-0674(95)80003-4; Mario Borgnia et al., "Cellular and Molecular Biology of the Aquaporin Water Channels," Annual Review of Biochemistry 68 (1999): 425–58, http://doi.org/10.1177/154411130301400105.

90) 아쿠아포린 통로의 구조: H. Sui et al., "Structural Basis of Water-Specific Transport through the AQP1 Water Channel," *Nature* 414, no. 6866 (2001): 872–78, http://doi.org/10.1038/414872a; Emad Tajkhorshid et al., "Control of the Selectivity of the Aquaporin Water Channel Family by Global Orientational Tuning," Science 296, no. 5567 (2002): 525–30, http://doi.org/10.1126/science.1067778; Dax Fu and Min Lu, "The Structural Basis of Water Permeation and Proton Exclusion in Aquaporins," Molecular Membrane Biology 24, no. 5–6 (2007): 366–74, http://doi.org/10.1080/09687680701446965.

91) 단백질은 구슬로 이루어진 끈이다: B. Alberts et al., Molecular Biology of the Cell, 4th ed. (New York: Garland Science, 2002); The Shape and Structure of Proteins, http://www.ncbi.nlm.nih.gov/books/NBK26830/.

92) 끈이 감겨 돌아가다: K. Murata et al., "Structural Determinants of Water Permeation through Aquaporin-1," Nature 407, no. 6804 (2000): 599–605; G. Ren et al., "Visualization of a Water-Selective Pore by Electron Crystallography in Vitreous Ice," Proceedings of the National Academy of Sciences of the United States of America 98, no. 4 (2001): 1398–1403, http://doi.org/10.1073/pnas.98.4.1398; Boaz Ilan et al., "The Mechanism of Proton Exclusion in Aquaporin Channels," Proteins: Structure, Function and Genetics 55, no. 2 (2004): 223–28, http://doi.org/10.1002/prot.20038.

93) 음전하와 양전하를 번갈아가며: Bert L. De Groot et al., "The Mechanism of Proton Exclusion in the Aquaporin-1 Water Channel," Journal of Molecular Biology 333, no. 2 (2003): 279–93, http://doi.org/10.1016/j.jmb.2003.08.003; Fangqiang Zhu, Emad Tajkhorshid, and Klaus Schulten, "Theory and Simulation of Water Permeation in Aquaporin-1," Biophysical Journal 86, no. 1 (2004): 50–57, http://doi.org/10.1016/S0006-3495(04)74082-5; Xuesong Li et al., "Nature Gives the Best Solution for Desalination: Aquaporin-Based Hollow Fiber Composite Membrane with Superior Performance," *Journal of Membrane Science* 494 (2015): 68–77, http://doi.org/10.1016/j.memsci.2015.07.040.

94) 거의 모든 유기체가 가지고 있다: Tamir Gonen and Thomas Walz, "The Structure of Aquaporins," Quarterly Reviews of Biophysics 39, no. 4 (2006): 361–96, http://doi.org/10.1017/S0033583506004458.

95) 계열의 어떤 것은 또한 다른 분자를 흐르게 한다: D. Fu et al., "Structure of a Glycerol-Conducting Channel and the Basis for

Its Selectivity," Science 290, no. 5491 (2000): 481–86, http://doi.org/10.1126/science.290.5491.481; B. L. De Groot and H. Grubmüller, "Water Permeation across Biological Membranes: Mechanism and Dynamics of Aquaporin-1 and GlpF," Science 294, no. 5550 (2001): 2353–57, http://doi.org/10.1126/science.1062459.

96) 콩팥의 수분 여과: Landon S. King, David Kozono, and Peter Agre, "From Structure to Disease: The Evolving Tale of Aquaporin Biology," Nature Reviews Molecular Cell Biology 5 (2004): 687–98.

97) 식물 뿌리를 통한 물 수송: Huayu Sun et al., "The Bamboo Aquaporin Gene PeTIP4; 1–1 Confers Drought and Salinity Tolerance in Transgenic Arabidopsis," Plant Cell Reports 36, no. 4 (2017): 597–609, http://doi.org/10.1007/s00299-017-2106-3.

98) 95억 명 이상의 사람들이 살게될 지구 행성: United Nations Department of Economic and Social Affairs Population Division, "World Urbanization Prospects: The 2018 Revision," 2018, http://population.un.org/wup/DataQuery.

99) 나는 헬릭스 니엘센을 방문하기 위해 덴마크로 날아갔다: Hélix-Nielsen, Claus and Peter Holme Jensen in discussion with the author, September 2017.

100) 현재 사용되는 정수 시스템의 비용과 효율성에 상응하는 약속: C. Y. Tang et al., "Desalination by Biomimetic Aquaporin Membranes: Review of Status and Prospects," Desalination 308 (2013): 34–40, http://doi.org/10.1016/j.desal.2012.07.007; Mariusz Grzelakowski et al., "A Framework for Accurate Evaluation of the Promise of Aquaporin Based Biomimetic Membranes," *Journal of Membrane Science* 479 (2015): 223–31, http://doi.org/10.1016/j.memsci.2015.01.023.

101) 적혈구는 지름이 10마이크로미터도 안된다: M. Dao, C. T.Lim, and S. Suresh, "Mechanics of the Human Red Blood Cell Deformed

by Optical Tweezers," Journal of the Mechanics and Physics of Solids 51, no. 11–12 (2003): 2259–80, http://doi.org/10.1016/j.jmps.2003.09.019.

102) 한 푼도 안 되는: United States Mint, "Coin Specifications." Last modified April 5, 2018, http://www.usmint.gov/learn/coin-and-medal-programs/coin-specifications.

103) 20세기의 블록버스터 약들: Arne E. Brändström and Bo R. Lamm, Processes for the preparation of omeprazole and intermediates therefore, issued 1985, http://doi.org/US005485919A; Bruce D. Roth, Trans-6-2-(3- OR 4-Carboxamide-substituted pyrrol-1-yl)alkyl-4-hydroxypyran-2-one inhibitors of cholesterol synthesis, issued 1987, http://doi.org/10.1016/j.(73); W. Sneader, "The Discovery of Aspirin" Pharmaceutical Journal 259, no. 6964 (1997): 614–17, http://doi.org/10.1136/bmj.321.7276.1591; Kay Brune, B. Renner, and G. Tiegs, "Acetaminophen/Paracetamol: A History of Errors, Failures and False Decisions," European Journal of Pain (United Kingdom) 19, no. 7 (2015): 953–65, http://doi.org/10.1002/ejp.621.

104) 인슐린 및 성장 호르몬과 같은 단백질 기반 약물: D. V. Goeddel et al., "Expression in Escherichia Coli of Chemically Synthesized Genes for Human Insulin," Proceedings of the National Academy of Sciences of the United States of America 76, no. 1 (1979): 106–10, http://doi.org/10.1073/pnas.76.1.106; Henrik Dalbøge et al., "A Novel Enzymatic Method for Production of Authentic HGH from an Escherichia Coli Produced HGH-Precursor," Nature Biotechnology 5 (1987): 161–64; Mohamed N. Baeshen, "Production of Biopharmaceuticals in E. Coli: Current Scenario and Future Perspectives," Journal of Microbiology and Biotechnology 25, no. 7 (2014): 1–24, http://doi.org/10.4014/jmb.1405.05052.

105) 세포 기계가 결함이 있는 단백질을 고치거나 대체한다: F. Ulrich

Hartl, Andreas Bracher, and Manajit Hayer-Hartl, "Molecular Chaperones in Protein Folding and Proteostasis," Nature 475, no. 7356 (2011): 324–32, http://doi.org/10.1038/nature10317.

106) 4개월 정도 살 수 있을 만큼 안정적이다: David Shemin and D. Rittenberg, "The Life Span of the Human Red Blood Cell," *Journal of Biological Chemistry* 166 (1946): 627–36.

107) 한 달 미만의 피부 세포: Gerald D. Weinstein and Eugene J. van Scott, "Autoradiographic Analysis of Turnover Times of Normal and Psoriatic Epidermis," *Journal of Investigative Dermatology* 45, no. 4 (1965): 257–62, http://doi.org/10.1038/jid.1965.126.

108) 소화 기관에 있는 세포: H. J. Li et al., "Basic Helix-Loop-Helix Transcription Factors and Enteroendocrine Cell Differentiation," Diabetes, Obesity and Metabolism 13, Suppl 1, no. 2 (2011): 5–12, http://doi.org/10.1111/j.1463-1326.2011.01438.x.

109) 그것은 극한의 온도에서도 살아남을 수 있다: Xuesong Li et al., "Preparation of High Performance Nanofiltration (NF) Membranes Incorporated with Aquaporin Z," *Journal of Membrane Science* 450 (2014): 181–88, http://doi.org/10.1016/j.memsci.2013.09.007.

110) 그것을 정화하는 데 필요한 화학적 조건: Saren Qi et al., "Aquaporin-Based Biomimetic Reverse Osmosis Membranes: Stability and Long Term Performance," *Journal of Membrane Science* 508 (2016): 94–103, http://doi.org/10.1016/j.memsci.2016.02.013.

111) 고립된 아쿠아포린 단백질을 세포막에 다시 포착시키는가: Yan Zhao et al., "Synthesis of Robust and High-Performance Aquaporin-Based Biomimetic Membranes by Interfacial Polymerization-Membrane Preparation and RO Performance Characterization," Journal of Membrane Science 423–424 (2012): 422–28, http://doi.org/10.1016/j.memsci.2012.08.039; Honglei Wang, Tai Shung Chung, and Yen Wah Tong, "Study on Water Transport through a

Mechanically Robust Aquaporin Z Biomimetic Membrane," Journal of Membrane Science 445 (2013): 47–52, http://doi.org/10.1016/j.memsci.2013.05.057.

112) 더 싸고 튼튼한 베시클 시트: Yang Zhao et al., "Effects of Proteoliposome Composition and Draw Solution Types on Separation Performance of Aquaporin-Based Proteoliposomes: Implications for Seawater Desalination Using Aquaporin-Based Biomimetic Membranes," *Environmental Science and Technology* 47, no. 3 (2013): 1496–1503, http://doi.org/10.1021/es304306t.

113) 단일의 평평한 세포막: Honglei Wang, Tai Shung Chung, and Yen Wah Tong, "Study on Water Transport through a Mechanically Robust Aquaporin Z Biomimetic Membrane," *Journal of Membrane Science* 445 (2013): 47–52, http://doi.org/10.1016/j.memsci.2013.05.057; Chuyang Tang et al., "Biomimetic Aquaporin Membranes Coming of Age," Desalination 368 (2015): 89–105, http://doi.org/10.1016/j.desal.2015.04.026.

114) 아쿠아포린 베시클 시트를 층층이 쌓는 방법: Zhaolong Hu, James C. S. Ho, and Madhavan Nallani, "Synthetic (Polymer) Biology (Membrane): Functionalization of Polymer Scaffolds for Membrane Protein," *Current Opinion in Biotechnology* 46 (2017): 51–56, http://doi.org/10.1016/j.copbio.2016.10.012; Marta Espina Palanco et al., "Tuning Biomimetic Membrane Barrier Properties by Hydrocarbon, Cholesterol and Polymeric Additives," *Bioinspiration and Biomimetics* 13, no. 1 (2017): 1–11, http://doi.org/10.1088/1748-3190/aa92be.

115) 덴마크 우주비행사들은 아쿠아포린 애프터 서비스 세포막을 사용했다: "Aquaporin Inside Membranes Undergo Second Round of Test in Space," *Membrane Technology* (February 2017): 5–6, http://doi.org/10.1016/S0958-2118(17)30032-0; "Aquaporin Inside Inside Membrane Testing in Space (AquaMembrane)," NASA International

Space Station Research and Technology. Last modified October 4, 2017, http://www.nasa.gov/mission_pages/station/research/experiments/2156.html.

116) 지구 담수의 70퍼센트: WWAP (United Nations World Water Assessment Programme), *The United Nations World Water Development Report 2015: Water for a Sustainable World* (Paris: UNESCO, 2015).

제4장: 암과 싸우는 나노 입자

117) 미국은 암과의 전쟁을 시작했다: National Cancer Institute, "National Cancer Act of 1971." Last modified February 16, 2016, http://www.cancer.gov/about-nci/legislative/history/national-cancer-act-1971; Eliot Marshall, "Cancer Research and the $90 Billion Metaphor," *Science* 331, no. 6024 (2011): 1540–41, http://doi.org/10.1126/science.331.6024.1540-a.

118) 60만 명의 미국인과 800만 명 이상의 세계인: Rebecca L. Siegel, Kimberly D. Miller, and Ahmedin Jemal, "Cancer Statistics, 2018." *CA: A Cancer Journal for Clinicians* 68, no. 1 (2018): 7–30, http://doi.org/10.3322/caac.21442; National Cancer Institute, "Cancer Statistics." Last modified April 27, 2018, http://www.cancer.gov/about-cancer/understanding/statistics.

119) 라우스 육종 바이러스의 유전자를 확인했다: P. Rous, "A Transmissible Avian Neoplasm. (Sarcoma of the Common Fowl)," Journal of Experimental Medicine 12 (1910): 696–705, http://doi.org/10.1084/jem.12.5.696; P. Rous, "A Sarcoma of the Fowl Transmissible by an Agent Separable from the Tumor Cells," *Journal of Experimental Medicine* 13 (1911): 397–411, http:// doi.org/10.1097/00000441-191108000-00079; Robin A. Weiss and Peter K. Vogt, "100 Years of Rous Sarcoma Virus,"

Journal of Experimental Medicine 208, no. 12 (2011): 2351–55, http://doi.org/10.1084/jem.20112160.

120) 암은 또한 내재적 원인으로부터 발생할 수도 있다: Marco A. Pierotti, Gabriella Sozzi, and Carlo M. Croce, "Discovery and Identification of Oncogenes," in Holland-Frei Cancer Medicine, ed. D. W. Kufe, R. E. Pollock, and R. R. Weichselbaum, 6th ed. (Hamilton: BC Decker, 2003); Peter K. Vogt, "Retroviral Oncogenes: A Historical Primer," *Nature Reviews Cancer* 12, no. 9 (2012): 639–48, http://doi.org/10.1038/nrc3320.Retroviral; Klaus Bister, "Discovery of Oncogenes: The Advent of Molecular Cancer Research," Proceedings of the National Academy of Sciences 112, no. 50 (2015): 15259–60, http://doi.org/10.1073/pnas.1521145112.

121) 글리벡은 그 단백질의 작용을 차단한다: Andrew Z. Wang, Robert Langer, and Omid C. Farokhzad, "Nanoparticle Delivery of Cancer Drugs," *Annual Review of Medicine* 63, no. 1 (2012): 185–98, http://doi.org/10.1146/annurev-med-040210-162544.

122) 글리벡은 환자들의 생존율을 높였다: Andreas Hochhaus et al., "Long-Term Outcomes of Imatinib Treatment for Chronic Myeloid Leukemia," *New England Journal of Medicine* 376, no. 10 (2017): 917–27, http://doi.org/10.1056/NEJMoa1609324.

123) 오늘날 모든 암의 3분의 1 이상이 예방 가능하다: World Health Organization, "Cancer Prevention." Last modified 2018, http://www.who.int/cancer/prevention/en/

124) 유방 조영술 및 대장 내시경 검사: Sidney J. Winawer et al., "Colorectal Cancer Screening: Clinical Guidelines and Rationale: The Adenoma-Carcinoma Sequence," Gastroenterology 112 (1997): 594–642, http://doi.org/10.1053/GAST.1997.V112.AGAST970594; M. G. Marmot et al., "The Benefits and Harms of Breast Cancer Screening: An Independent Review," *British Journal of Cancer* 108, no.

11 (2013): 2205–40, http://doi.org/10.1038/bjc.2013.177.

125) 유방암의 5년 생존율: A. M. Noone et al., eds., SEER Cancer Statistics Review, 1975–2015, National Cancer Institute. Bethesda, MD, http://seer.cancer.gov/csr/1975_2015/, based on November 2017 SEER data submission, posted to the SEER website, April 2018; "Cancer Stat Facts: Female Breast Cancer," National Cancer Institute Surveillance, Epidemiology, and End Results Program. Last modified 2015, http://seer.cancer.gov/statfacts/html/breast.html.

126) 대장암 환자들에게: "Cancer Stat Facts: Colorectal Cancer," National Cancer Institute Surveillance, Epidemiology, and End Results Program. Last modified 2015, http://seer.cancer.gov/statfacts/html/colorect.html.

127) 현재의 표준 영상 기술: John V. Frangioni, "New Technologies for Human Cancer Imaging," *Journal of Clinical Oncology* 26, no. 24 (2008): 4012–21, http://doi.org/10.1200/JCO.2007.14.3065.

128) 혈액 기반 탐지 테스트는 동일한 문제에 직면해 있다: N. Lynn Henry and Daniel F. Hayes, "Cancer Biomarkers," *Molecular Oncology* 6, no. 2 (2012): 140–46, http://doi.org/10.1016/j.molonc.2012.01.010.

129) 상기타는 소변 기반 테스트를 고안했다: Gabriel A. Kwong et al., "Mass-Encoded Synthetic Biomarkers for Multiplexed Urinary Monitoring of Disease," *Nature Biotechnology* 31, no. 1 (2013): 63–70, http://doi.org/10.1038/nbt.2464.

130) 세포 덩어리는 20배나 작다: Ester J. Kwon, Jaideep S. Dudani, and Sangeeta N. Bhatia, "Ultrasensitive Tumour-Penetrating Nanosensors of Protease Activity," *Nature Biomedical Engineering* 1, no. 4 (2017), http://doi.org/10.1038/s41551-017-0054.

131) 그는 대학원에서 컴퓨터 칩 제조 도구를 개발했다: S. N. Bhatia et al., "Selective Adhesion of Hepatocytes on Patterned Surfaces," *Annals of the New York Academy of Sciences* 745 (1994): 187–209, http://www3.

interscience.wiley.com/Journal/119271052/abstract%5Cnpapers://e7896fb4-5763-415a-bb1b-292b8a8ba273/Paper/p904.

132) 생물 의학 문제를 해결하는 재주가 있는 나노 기술자: Austin M. Derfus, Warren C. W. Chan, and Sangeeta N. Bhatia, "Probing the Cytotoxicity of Semiconductor Quantum Dots," *Nano Letters* 4, no. 1 (2004): 11–18, http://doi.org/10.1021/nl0347334.

133) 나노 입자는 매우 작은 물질 조각이다: Jörg Kreuter, "Nanoparticles—A Historical Perspective," InteRNAtional *Journal of Pharmaceutics* 331, no. 1 (2007): 1–10, http://doi.org/10.1016/j.ijpharm.2006.10.021.

134) 산화철은 자기 공명 영상에 매우 유용한 물질이다: Saeid Zanganeh et al., "The Evolution of Iron Oxide Nanoparticles for Use in Biomedical MRI Applications," *SM Journal Clinical and Medical Imaging* 2, no. 1 (2016): 1–11.

135) 예를 들어, 금 나노 입자는 금처럼 보이지 않는다: Florian J. Heiligtag and Markus Niederberger, "The Fascinating World of Nanoparticle Research," *Materials Today* 16, no. 7–8 (2013): 262–71, http://doi.org/10.1016/j.mattod.2013.07.004.

136) 로마의 장인들은 자신도 모르게 금 나노 입자를 만들었다: Ian Freestone et al., "The Lycurgus Cup—A Roman Nanotechnology," *Gold Bulletin* 40, no. 4 (2007): 270–77.

137) 카드뮴 셀레나이드는 자연적으로 큰 검정색 결정이다: Debasis Bera et al., "Quantum Dots and Their Multimodal Applications: A Review," *Materials* 3, no. 4 (2010): 2260–2345, http://doi.org/10.3390/ma3042260.

138) 은 나노 입자를 치약에 넣는다: Jonas Junevi, Juozas Žilinskas, and Darius Gleiznys, "Antimicrobial Activity of Silver and Gold in Toothpastes: A Comparative Analysis," *Stomatologija, Baltic Dental and Maxillofacial Journal* 17, no. 1 (2015): 9–12.

139) 산화 티타늄과 산화 아연 나노 입자를 자외선 차단제에 넣었

다: Florian J. Heiligtag and Markus Niederberger, "The Fascinating World of Nanoparticle Research," *Materials Today* 16, no. 7–8 (2013): 262–71, http://doi.org/10.1016/j.mattod.2013.07.004.

140) 화학자이자 재료 과학자인 마이클: Geoffrey Von Maltzahn et al., "Nanoparticle Self-Assembly Gated by Logical Proteolytic Triggers," *Journal of the American Chemical Society* 129, no. 19 (2007): 6064–65, http://doi.org/10.1021/ja070461l; Ji Ho Park et al., "Magnetic Iron Oxide Nanoworms for Tumor Targeting and Imaging," Advanced Materials 20, no. 9 (2008): 1630–35, http://doi.org/10.1002/adma.200800004.

141) 현재 스탠포드-번햄 연구원에서 일하고 있는 루오슬라티: M. E. Akerman et al., "Nanocrystal Targeting in Vivo," *Proceedings of the National Academy of Sciences* 99, no. 20 (2002): 12617–21, http://doi.org/10.1073/pnas.152463399; Kazuki N. Sugahara et al., "Co-Administration of a Tumor-Penetrating Peptide Enhances the Efficacy of Cancer Drugs," Science 328, no. 5981 (2010): 1031–35, http://doi.org/10.1126/science.1183057; Ester J. Kwon et al., "Porous Silicon Nanoparticle Delivery of Tandem Peptide Anti-Infectives for the Treatment of Pseudomonas Aeruginosa Lung Infections," Advanced Materials 29, no. 35 (2017): 1–9, http://doi.org/10.1002/adma.201701527.

142) 나노 입자 클러스터를 만들어야 했다: Todd J. Harris et al., "Proteolytic Actuation of Nanoparticle Self-Assembly," *Angewandte Chemie—InteRNAtional Edition* 45, no. 19 (2006): 3161–65, http://doi.org/10.1002/anie.200600259.

143) 두 세트의 나노 입자를 만들었다: Todd J. Harris et al., "Protease-Triggered Unveiling of Bioactive Nanoparticles," *Small* 4, no. 9 (2008): 1307–12, http://doi.org/10.1002/smll.200701319.

144) 그들은 수천 가지 종류가 있다: A. Bairoch, "The ENZYME

Database in 2000," *Nucleic Acids Research* 28, no. 1 (2000): 304–5, http://doi.org/10.1093/nar/28.1.304.

145) 어떤 효소는 1,000개까지 자를 수 있다: Arren Bar-Even et al., "The Moderately Efficient Enzyme: Evolutionary and Physicochemical Trends Shaping Enzyme Parameters," *Biochemistry* 50, no. 21 (2011): 4402–10, http://doi.org/10.1021/bi2002289.

146) 2006년에 그녀와 그녀의 팀은 보고했다: Dmitri Simberg et al., "Biomimetic Amplification of Nanoparticle Homing to Tumors," *Proceedings of the National Academy of Sciences* 104, no. 3 (2007): 932–36, http://doi.org/10.1073/pnas.0610298104.

147) 2009년에 그들은 조직 특이 전달 시각화를 증명했다: Todd J. Harris et al., "Tissue-Specific Gene Delivery via Nanoparticle Coating," *Biomaterials* 31, no. 5 (2010): 998–1006, http://doi.org/10.1016/j.biomaterials.2009.10.012.

148) 자연 조직과 분자 장벽: Elvin Blanco, Haifa Shen, and Mauro Ferrari, "Principles of Nanoparticle Design for Overcoming Biological Barriers to Drug Delivery," *Nature Biotechnology* 33, no. 9 (2015): 941–51, http://doi.org/10.1038/nbt.3330.

149) 예기치 못한 형광 신호: Andrew D. Warren et al., "Disease Detection by Ultrasensitive Quantification of Microdosed Synthetic Urinary Biomarkers," *Journal of the American Chemical Society* 136 (2014): 13709–14, http://doi.org/10.1021/ja505676h; Simone Schuerle et al., "Magnetically Actuated Protease Sensors for in Vivo Tumor Profiling," Nano Letters 16, no. 10 (2016): 6303–10, http://doi.org/10.1021/acs.nanolett.6b02670.

150) 아주 이른 암 진단: Jaideep S. Dudani et al., "Classification of Prostate Cancer Using a Protease Activity Nanosensor Library," *Proceedings of the National Academy of Sciences* 115, no. 36 (2018): 8954–59, http://doi.org/10.1073/pnas.1805337115.

151) 5밀리미터 이하의 종양을 발견하다: Gabriel A. Kwong et al., "Mathematical Framework for Activity-Based Cancer Biomarkers," *Proceedings of the National Academy of Sciences* 112, no. 41 (2015): 12627–32, http://doi.org/10.1073/pnas.1506925112.

152) 종양은 성장하는 데 수년이 걸릴 수 있다: Sharon S. Hori and Sanjiv S. Gambhir, "Mathematical Model Identifies Blood Biomarker-Based Early Cancer Detection Strategies and Limitations," *Science Translational Medicine* 3, no. 109 (2011), http://doi.org/10.1126/scitranslmed.3003110.Mathematical.

153) 시장에 소변 검사기가 출시될 것: A. D. Warren et al., "Point-of-Care Diagnostics for Noncommunicable Diseases Using Synthetic Urinary Biomarkers and Paper Microfluidics," *Proceedings of the National Academy of Sciences* 111, no. 10 (2014): 3671–76, http://doi.org/10.1073/pnas.1314651111.

154) 약물 탑재물을 천천히 방출하는 나노입자: Zhou J. Deng et al., "Layer-by-Layer Nanoparticles for Systemic Codelivery of an Anticancer Drug and SiRNA for Potential Triple-Negative Breast Cancer Treatment," ACS Nano 7, no. 11 (2013): 9571–84, http://doi.org/10.1021/nn4047925; Erkki Ruoslahti, Sangeeta N. Bhatia, and Michael J. Sailor, "Targeting of Drugs and Nanoparticles to Tumors," *Journal of Cell Biology* 188, no. 6 (2010): 759–68, http://doi.org/10.1083/jcb.200910104; Zvi Yaari et al., "Theranostic Barcoded Nanoparticles for Personalized Cancer Medicine," *Nature Communications* 7 (2016), http://doi.org/10.1038/ncomms13325; Rong Tong et al., "Photoswitchable Nanoparticles for Triggered Tissue Penetration and Drug Delivery," *Journal of the American Chemical Society* 134, no. 21 (2012): 8848–55, http://doi.org/10.1021/ja211888a; Dan Peer et al., "Nanocarriers as an Emerging Platform for Cancer Therapy," Nature Nanotechnology 2, no. 12 (2007): 751–60,

http://doi.org/10.1038/nnano.2007.387.

155) 의료용 초음파와 자기 공명 영상 장치의 효과를 더욱 강화하다: Melodi Javid Whitley et al., "A Mouse-Human Phase 1 Co-Clinical Trial of a Protease-Activated Fluorescent Probe for Imaging Cancer," *Science Translational Medicine* 8, no. 320 (2016): 4–6, http://doi.org/10.1126/scitranslmed.aad0293.

제5장: 뇌를 증폭시키다

156) 그는 절벽을 오르고 있었다: Jim Ewing in discussion with the author, May 2018.

157) 산악 사고로 양쪽 하퇴부를 잃었다: Eric Moskowitz, "The Prosthetic of the Future," *Boston Globe*, November 21, 2016, http://www.bostonglobe.com/ www.bostonglobe.com/metro/2016/11/21/the-prosthetic-future/Ld6C2rxZL4uiotc96kNyPO/story.html.

158) 그는 의족을 만들기 시작했다: Hugh Herr in discussions with the author, 2006–2018.

159) 근육을 직접 활성화시키는 신경세포: "Motor Neurons," *PubMed Health Glossary*, http://www.ncbi.nlm.nih.gov/pubmedhealth/PMHT0024358/; Andrew B. Schwartz, "Movement: How the Brain Communicates with the World," Cell 164, no. 6 (2016): 1122–35, http://doi.org/10.1016/j.cell.2016.02.038.

160) 허는 보행 생물학을 연구했다: Hugh M. Herr and Alena M. Grabowski, "Bionic Ankle—Foot Prosthesis Normalizes Walking Gait for Persons with Leg Amputation," *Proceedings of the Royal Society B* 279 (2012): 457–64, http://doi.org/10.1098/rspb.2011.1194.

161) 사람이 걷는 데 사용하는 에너지를 측정하다: Samuel K. Au, Jeff Weber, and Hugh Herr, "Powered Ankle—Foot Prosthesis Improves

Walking Metabolic Economy," *IEEE Transactions on Robotics* 25, no. 1 (2009); Luke M. Mooney, Elliott J. Rouse, and Hugh M. Herr, "Autonomous Exoskeleton Reduces Metabolic Cost of Human Walking," *Journal of NeuroEngineering and Rehabilitation* 11, no. 1 (2014): 1–5, http://doi.org/10.1186/1743-0003-11-151.

162) 그 회사들 중 한 곳을 방문했는데: Hildur Einarsdottir, Kim De Roy, and Magnus Oddsson in discussion with the author, October 2017.

163) 뇌 손상 후 신체의 기동성을 회복하는 것: Beata Jarosiewicz et al., "Virtual Typing by People with Tetraplegia Using a Self-Calibrating Intracortical Brain-Computer Interface," *Science Translational Medicine* 7, no. 313 (2015): 1–11; B. Wodlinger et al., "Ten-Dimensional Anthropomorphic Arm Control in a Human Brain–Machine Interface: Difficulties, Solutions, and Limitations," *Journal of Neural Engineering* 12, no. 1 (2015), http://doi.org/10.1088/1741-2560/12/1/016011; S. R. Soekadar et al., "Hybrid EEG/EOG-Based Brain/Neural Hand Exoskeleton Restores Fully Independent Daily Living Activities after Quadriplegia," *Science Robotics* 1 (2016): 1–8.

164) 스위스 제네바로 날아갔다: John Donoghue in discussion with the author, September 2017; Jens Clausen et al., "Help, Hope, and Hype: Ethical Dimensions of Neuroprosthetics," *Science* 356, no. 6345 (2017): 1338–39.

165) 뇌가 어떻게 신체 움직임을 조정하는지: D. Purves et al., eds., "The Primary Motor Cortex: Upper Motor Neurons That Initiate Complex Voluntary Movements," in *Neuroscience*, 2nd ed. (Sunderland, MA: Sinauer Associates, 2001), http://www.ncbi.nlm.nih.gov/books/NBK10962/.

166) 일차 운동 피질의 각 점이 해당한다는 것: John P. Donoghue and Steven P. Wise, "The Motor Cortex of the Rat: Cytoarchitecture and Microstimulation Mapping," *Journal of Comparative Neurology* 212

(1982): 76–88; Shy Shoham et al., "Statistical Encoding Model for a Primary Motor Cortical Brain-Machine Interface," *IEEE Transactions on Biomedical Engineering* 52, no. 7 (2005): 1312–22; T. Aflalo et al., "Decoding Motor Imagery from the Posterior Parietal Cortex of a Tetraplegic Human," Science 348, no. 6237 (2015): 906–10, http://doi.org/10.7910/DVN/GJDUTV.

167) 통증, 열, 추위 또는 팔이나 다리의 위치에 대한 인식: Sharlene N. Flesher et al., "Intracortical Microstimulation of Human Somatosensory Cortex," *Science Translational Medicine* 8 (2016): 1–11; Emily L. Graczyk et al., "The Neural Basis of Perceived Intensity in Natural and Artificial Touch," *Science Translational Medicine* 142 (2016): 1–11; Luke E. Osborn et al., "Prosthesis with Neuromorphic Multilayered E-Dermis Perceives Touch and Pain," *Science Robotics* 3 (2018): 1–11, http://doi.org/10.1126/scirobotics.aat3818.

168) 그들은 피질내의 뇌-컴퓨터 인터페이스를 함께 개발했다: John P. Donoghue, "Connecting Cortex to Machines: Recent Advances in Brain Interfaces," *Nature Neuroscience* 5, no. 11 (2002): 1085–88, http://doi.org/10.1038/nn947; Mijail D. Serruya et al., "Instant Neural Control of a Movement Signal," Nature 416, no. 6877 (2002): 141–42, http://doi.org/10.1038/416141a; Vicki Brower, "When Mind Meets Machine," *EMBO Reports* 6, no. 2 (2005): 108–10.

169) 피질내 뇌-컴퓨터 인터페이스의 잠재력을 보여주었다: Leigh R. Hochberg et al., "Neuronal Ensemble Control of Prosthetic Devices by a Human with Tetraplegia," *Nature* 442 (July 2006), http://doi.org/10.1038/nature04970.

170) 그들은 캐시라는 여자를 발표했다: Leigh R. Hochberg et al., "Reach and Grasp by People with Tetraplegia Using a Neurally Controlled Robotic Arm," *Nature* 485, no. 7398 (2012: 372–75, http://doi.org/10.1038/nature11076; Andrew Jackson, "Neuroscience: Brain-

Controlled Robot Grabs Attention," *Nature* 485, no. 7398 (2012): 317–18, http://doi.org/10.1038/485317a.

171) 그 팀은 캐시를 비디오로 찾아냈다: "Paralyzed Woman Moves Robot with Her Mind," *Nature Video*. Last modified May 16, 2012, http://www.youtube.com/watch?v=ogBX18maUiM.

172) 2017년에 존 연구팀: A. Bolu Ajiboye et al., "Restoration of Reaching and Grasping in a Person with Tetraplegia through Brain-Controlled Muscle Stimulation: A Proof-of-Concept Demonstration," *Lancet* 389 (2017): 1821–30, http://doi.org/10.1016/S0140-6736(17)30601-3; Clive Cookson, "Paralysed Man Regains Arm Movement Using Power of Thought," *Financial Times*, March 28, 2017, http://www.ft.com/content/1460d6e6-10c0-11e7-b030-768954394623; "Using Thought to Control Machines: Brain-Computer Interfaces May Change What It Means to Be Human," *The Economist*, January 4, 2018, http://www.economist.com/leaders/2018/01/04/using-thought-to-control-machines.

173) 이 칩의 한 면 길이는 약 4밀리미터이다: Leigh R. Hochberg et al., "Neuronal Ensemble Control of Prosthetic Devices by a Human with Tetraplegia," *Nature* 442 (July 2006), http://doi.org/10.1038/nature04970.

174) 1960년대 후반부터 뇌-컴퓨터 인터페이스: Karl Frank, "Some Approaches to the Technical Problem of Chronic Excitation of Peripheral Nerve" (speech), April 1968, Centennial Celebration of the American Otological Society.

175) 레이 호치버그 박사는 내다봤다: Leigh Hochberg in discussion with the author, December 2017; Bob Tedeschi, "When Might Patients Use Their Brains to Restore Movement? 'We All Want the Answer to Be Now,' " STAT, June 6, 2017, http://www.statnews.com/2017/06/02/braingate-movement-paralysis/.

176) 장애인들의 정상적인 삶을 회복시키다: Chethan Pandarinath et al., "High Performance Communication by People with Paralysis Using an Intracortical Brain-Computer Interface," *ELIFE* 6 (2017): 1–27, http://doi.org/10.7554/eLife.18554.

177) 근육의 정상적인 "작용제/반작용제" 쌍: Lindsay M. Biga et al., eds., "Chapter 11: The Muscular System," in *Anatomy & Physiology* (Open Oregon State: Pressbooks.com, 2018), http://library.open.oregonstate.edu/aandp/chapter/11-1-describe-the-roles-of-agonists-antagonists-and-synergists/; Janne M. Hahne et al., "Simultaneous Control of Multiple Functions of Bionic Hand Prostheses: Performance and Robustness in End Users," *Science Robotics* 3 (2018): 1–9, http://doi.org/10.1126/scirobotics.aat3630.

178) 허와 외과 의사들은 재설계했다: S. S. Srinivasan et al., "On Prosthetic Control: A Regenerative Agonist-Antagonist Myoneural Interface," *Science Robotics* 2, no. 6 (2017), http://doi.org/10.1126/scirobotics.aan2971.

179) 기기 설계, 컴퓨터 모델링 및 실험 테스트: Tyler R. Clites et al., "A Murine Model of a Novel Surgical Architecture for Proprioceptive Muscle Feedback and Its Potential Application to Control of Advanced Limb Prostheses," *Journal of Neural Engineering* 14 (2017).

180) 새로운 기술을 시술받은 첫 번째 인간: Tyler R. Clites et al., "Proprioception from a Neurally Controlled Lower-Extremity Prosthesis," *Science Translational Medicine* 10, no. 443 (2018), http://doi.org/10.1126/scitranslmed.aap8373; Gideon Gil and Matthew Orr, "Pioneering Surgery Makes a Prosthetic Foot Feel Like the Real Thing," STAT, May 30, 2018, http://www.statnews.com/2018/05/30/pioneering-amputation-surgery-prosthetic-foot/.

181) 750평방피트의 "생장 하우스": "The Bellwether Foundation Phenotyping Facility," Donald Danforth Plant Science Center, http://www.danforthcenter.org/scientists-research/core-technologies/phenotyping.

182) 식물의 표현형 데이터: Mao Li et al., "The Persistent Homology Mathematical Framework Provides Enhanced Genotype-to-Phenotype Associations for Plant Morphology," *Plant Physiology* 177 (2018): 1382–95, http://doi.org/10.1104/pp.18.00104.

183) 표현형 정보의 전체 집합을 나타낸다: Robert T. Furbank and Mark Tester, "Phenomics—Technologies to Relieve the Phenotyping Bottleneck," Trends in Plant Science 16, no. 12 (2011): 635–44, http://doi.org/10.1016/j.tplants.2011.09.005; Daniel H. Chitwood and Christopher N. Topp, "Revealing Plant Cryptotypes: Defining Meaningful Phenotypes among Infinite Traits," *Current Opinion in Plant Biology* 24 (2015): 54–60, http://doi.org/10.1016/j.pbi.2015.01.009.

184) 유전자가 발달과 기능을 조정하다: Todd P. Michael and Scott Jackson, "The First 50 Plant Genomes," *The Plant Genome* 6, no. 2 (2013): 1–7, http://doi.org/10.3835/plantgenome2013.03.0001in.

185) 2050년까지 95억 명에 달할 것으로 예상된다: United Nations Department of Economic and Social Affairs Population Division, "World Urbanization Prospects: The 2018 Revision," 2018, http://population.un.org/wup/DataQuery.

186) 현재의 전 세계 곡물 생산량을 두 배로 늘려야 한다: D. Tilman et al., "Global Food Demand and the Sustainable Intensification of Agriculture," *Proceedings of the National Academy of Sciences* 108, no. 50 (2011): 20260–64, http://doi.org/10.1073/pnas.1116437108.

187) 고고학적 발굴의 증거: M. A. Zeder, "Domestication and Early Agriculture in the Mediterranean Basin: Origins, Diffusion, and Impact," *Proceedings of the National Academy of Sciences* 105, no. 33 (2008): 11597–604, http://doi.org/10.1073/pnas.0801317105; Iosif Lazaridis et al., "Genomic Insights into the Origin of Farming in the Ancient Near East," *Nature* 536, no. 7617 (2016): 419–24, http://doi.org/10.1038/nature19310.

188) 유전자라는 말은 1905년으로 거슬러 올라간다: Nils Roll-Hansen, "The Holist Tradition in Twentieth-Century Genetics. Wilhelm Johannsen's Genotype Concept," *Journal of Physiology* 592, no. 11 (2014): 2431–38, http://doi.org/10.1113/jphysiol.2014.272120; W. Johannsen, "The Genotype Conception of Heredity," *International Journal of Epidemiology* 43, no. 4 (2014): 989–1000, http://doi.org/10.1093/ije/dyu063.

189) 멘델은 놀라운 추론 하나를 발표했다: Gregor Mendel, Versuche über Plflanzenhybriden, trans. William Bateson, *VeRhandlungen des naturforschenden Vereines in Brünn, Bd. IV für das Jahr* 1865, Abhandlungen (1865): 3–47, http://www.mendelweb.org/Mendel.html; Daniel L. Hartl and Vitezslav Orel, "What Did Gregor Mendel Think He Discovered?" Genetics 131 (1992): 245–53, http://doi.org/10.1534/genetics.108.099762.

190) DNA의 실제 구조: Maclyn McCarty, "Discovering Genes Are Made of Deoxyribo Nucleic Acid," *Nature* 421 (2003): 406.

191) 조지프 존 톰슨의 1897년 전자 발견: Joseph John Thomson, "XL. Cathode Rays," *The London, Edinburgh, and Dublin Philosophical Magazine and Journal of Science* 44, no. 269 (1897): 293–316, http://doi.org/10.1080/14786449708621070.

192) 패러데이 마이클은 전자기력을 묘사했다: S. Chatterjee, "Michael Faraday: Discovery of Electromagnetic Induction," *Resonance* 7 (March

2002): 35–45, http://doi.org/10.1007/BF02896306.

193) 유전적으로 곤충에 강한 담배: Mark Vaeck et al., "Transgenic Plants Protected from Insect Attack," *Nature* 328, no. 6125 (1988): 33–37, http://doi.org/10.1038/328033a0.

194) DNA를 옮기는 새로운 방법을 확립했다: R. T. Fraley et al., "Expression of Bacterial Genes in Plant Cells," Proceedings of the National Academy of Sciences 80, no. 15 (1983): 4803–7, http://doi.org/10.1073/pnas.80.15.4803; P. Zambryski et al., "Ti Plasmid Vector for the Introduction of DNA into Plant Cells without Alteration of Their Normal Regeneration Capacity," *EMBO Journal* 2, no. 12 (1983): 2143–50, http://doi.org/10.1002/J.1460-2075.1983.TB01715.X.

195) 옥수수, 밀, 쌀의 고수율 품종: Elizabeth Nolan and Paulo Santos, "The Contribution of Genetic Modification to Changes in Corn Yield in the United States," American Journal of Agricultural Economics 94, no. 5 (2012): 1171–88, http://doi.org/10.1093/ajae/aas069; Zhi Kang Li and Fan Zhang, "Rice Breeding in the Post-Genomics Era: From Concept to Practice," Current Opinion in Plant Biology 16, no. 2 (2013): 261–69, http://doi.org/10.1016/j.pbi.2013.03.008.

196) 점점 향상되는 거름, 관개 시스템: Andrew Balmford, Rhys Green, and Ben Phalan, "Land for Food & Land for Nature?," *Daedalus* 144, no. 4 (2015): 57–75, http://doi.org/10.1162/DAED_a_00354.

197) 농작물 생산성의 엄청난 증가: Sun Ling Wang et al., "Agricultural Productivity Growth in the United States: Measurement, Trends and Drivers," United States Department of Agriculture Economic Research Service, 2015, http://www.ers.usda.gov/webdocs/publications/45387/53417_err189.pdf?v=42212.

198) 1860년대부터 1930년대 후반까지: United States Department of Agriculture National Agricultural Statistics Service, "Crop Production

Historical Track Records (April 2017)," 2017, http://www.nass.usda.gov/Publications/Todays_Reports/reports/croptr17.pdf.

199) 그 수치는 지속적으로 150부셸 이상에 도달합니다: United States Department of Agriculture Economic Research Service, "Corn and Other Feed Grains: Background." Last modified May 15, 2018, http://www.ers.usda.gov/

200) 8억 명의 사람들이 여전히 식량 부족으로 살고 있다: Sean Sanders, ed., "Addressing Malnutrition to Improve Global Health," *Science* 346(2014), http://doi.org/10.1126/science.346.6214.1247-d;FAO,IFAD, and WFP, *The State of Food Insecurity in the World 2014. Strengthening the enabling environment for food security and nutrition* (Rome: FAO, 2014), http://www.fao.org/3/a-i4030e.pdf

201) 5세 미만의 3백만 명 이상의 어린이들: United Nations Information Centre Canberra,"WHO Hunger Statistics," http://un.org.au/2014/05/14/who-hunger-statistics/

202) 가장 중요한 설계자 중 한 명은 블라우그 노르만: Norman E. Borlaug, "The Green Revolution Revisited and the Road Ahead," in *Nobel Prize Symposium*, 2002, http://doi.org/10.1086/451354.

203) 식물 생물학자들은 플라브사브르를 만들었다: G. Bruening and J. M. Lyons, "The Case of the FLAVR SAVR Tomato," *California Agriculture* 54, no. 4 (2000).

204) 병충해에 저항할 수 있는 유전자 변형: United States Department of Agriculture Economic Research Service, "Farm Practices & Management: Biotechnology Overview." Last modified January 11, 2018, http://www.ers.usda.gov/topics/farm-practices-management/biotechnology/. 126 As recently reported by the National Academy of Sciences: "Genetically Engineered Crops: Experiences and Prospects," The National Academies Press, 2016, http://doi.org/10.17226/23395/

205) 최근 국립 과학 고등원이 최근 보고한 바와 같이: "Genetically

Engineered Crops: Experiences and Prospects," The National Academies Press, 2016, http://doi.org/10.17226/23395. 126 genes that could predispose an individual to autism or schizophrenia: Ryan K.

206) 개인을 자폐증이나 정신분열증에 걸리기 쉬운 유전자: Ryan K. C. Yuen et al., "Whole Genome Sequencing Resource Identifies 18 New Candidate Genes for Autism Spectrum Disorder," *Nature Neuroscience* 20, no. 4 (2017): 602–11, http://doi.org/10.1038/nn.4524; Stephan Ripke et al., "Biological Insights from 108 Schizophrenia-Associated Genetic Loci," *Nature* 511, no. 7510 (2014): 421–27, http://doi.org/10.1038/nature13595; Aswin Sekar et al., "Schizophrenia Risk from Complex Variation of Complement Component 4," *Nature* 530, no. 7589 (2016): 177–83, http://doi.org/10.1038/nature16549.

207) 옥수수와 다른 작물들이 유전자가 변형되었다: Mohamed A. Ibrahim et al., "Bacillus Thuringiensis: A Genomics and Proteomics Perspective," *Bioengineered Bugs* 1, no. 1 (2010): 31–50, http://doi.org/10.4161/bbug.1.1.10519.

208) 면화와 콩의 바실러스 튀링기엔시스 변종: National Research Council of the National Academies, Toward Sustainable Agricultural Systems in the 21st Century, 2010, http://www.nap.edu/catalog/12832/toward-sustainable-agricultural-systems-in-the-21st-century.

209) 제초제 저항성 옥수수 밭: Luca Comai, Louvminia C. Sen, and David M. Stalker, "An Altered AroA Gene Product Confers Resistance to the Herbicide Glyphosate," Science 221 (1983): 370–71. 128 weed control reduces the requirement for tilling: Jon Entine and Rebecca Randall, "GMO Sustainability Advantage? Glyphosate Spurs No-Till Farming, Preserving Soil Carbon," Genetic Literacy Project, 2017, http://geneticliteracyproject.org/2017/05/05/gmo-sustainability-advantage-glyphosate-sparks-no-till-farming-preserving-soil-carbon/.

210) 글리포세이트의 안전성에 대한 우려: The National Academies Press,

"Genetically Engineered Crops: Experiences and Prospects," 2016, http://doi.org/10.17226/23395.

211) 황금 쌀로 알려진 변종: J. Madeleine Nash, "This Rice Could Save a Million Kids a Year," *Time Magazine*, July 31, 2000, 1–7, http://content.time.com/time/magazine/article/0,9171,997586-4,00.html; Ingo Potrykus, "The 'Golden Rice' Tale," *AgBioWorld*, 2011, http://www.agbioworld.org/biotech-info/topics/goldenrice/tale.html.

212) 비타민 A 부족: J. H. Humphrey, K. P. West, and A. Sommer, "Vitamin A Deficiency and Attributable Mortality among Under-5-Year-Olds," *Bulletin of the World Health Organization* 70, no. 2 (1992): 225–32, http://www.pubmedcentral.nih.gov/articlerender.fcgi?artid=2393289&tool=pmcentrez&rendertype=abstract.

213) 황금 쌀의 안전과 이점: A. Alan Moghissi, Shiqian Pei, and Yinzuo Liu, "Golden Rice: Scientific, Regulatory and Public Information Processes of a Genetically Modified Organism," *Critical Reviews in Biotechnology* 36, no. 3 (2016): 535–41, http://doi.org/10.3109/07388551.2014.993586; Janel M. Albaugh, "Golden Rice: Effectiveness and Safety, A Literature Review," *Honors Research Projects* 382, University of Akron, 2016, http://ideaexchange.uakron.edu/honors_research_projects/382/.

214) 호주와 뉴질랜드는 황금 쌀을 승인했다: Gary Scattergood, "Australia, New Zealand Approve Purchasing of GMO Golden Rice to Tackle Vitamin-A Deficiency in Asia," Genetic Literacy Project, 2018, http://geneticliteracyproject.org/2018/01/29/australia-new-zealand-approve-sale-gmo-golden-rice-effort-boost-fight-vitamin-deficiency-asia/.

215) 유전자 변형 작물의 안전성과 경제성에 대한 우려: Peggy G. Lemaux, "Genetically Engineered Plants and Foods: A Scientist's Analysis of the Issues (Part I)," *Annual Review of Plant Biology* 59, no. 1 (2008): 771–812, http://doi.org/10.1146/annurev.arplant.58.032806.103840;

Wilhelm Klümper and Matin Qaim, "A Meta-Analysis of the Impacts of Genetically Modified Crops," PLoS ONE 9, no. 11 (2014), http://doi.org/10.1371/Journal.pone.0111629; Mark Lynas, "How I Got Converted to G.M.O. Food," New York Times, April 25, 2015, http://www.nytimes.com/2015/04/25/opinion/sunday/how-i-got-converted-to-gmo-food.html; Mitch Daniels, "Avoiding GMOs Isn't Just Anti-Science. It's Immoral," *Washington Post*, December 27, 2017, http://www.washingtonpost.com/opinions/avoiding-gmos-isnt-just-anti-science-its-immoral/2017/12/27/fc773022-ea83-11e7-b698-91d4e35920a3_story.html?noredirect=on&utm_term=.ec447407b07d; Michael Gerson, "Are You Anti-GMO? Then You're Anti-Science, Too," *Washington Post*, May 3, 2018, http://www.washingtonpost.com/opinions/are-you-anti-gmo-then-youre-anti-science-too/2018/05/03/cb42c3ba-4ef4-11e8-af46-b1d6dc0d9bfe_story.html?utm_term=.0bc14d1df5c0.

216) 농업 생산성에 영향을 미치는 복잡한 특성들: Wangxia Wang, Basia Vinocur, and Arie Altman, "Plant Responses to Drought, Salinity and Extreme Temperatures: Towards Genetic Engineering for Stress Tolerance," Planta 218, no. 1 (2003): 1–14, http://doi.org/10.1007/s00425-003-1105-5; Huayu Sun et al., "The Bamboo Aquaporin Gene PeTIP4;1–1 Confers Drought and Salinity Tolerance in Transgenic Arabidopsis," *Plant Cell Reports* 36, no. 4 (2017): 597–609, http://doi.org/10.1007/s00299-017-2106-3; Kathleen Greenham et al., "Temporal Network Analysis Identifies Early Physiological and Transcriptomic Indicators of Mild Drought in Brassica Rapa," *ELife* 6 (2017): 1–26, http://doi.org/10.7554/eLife.29655.

217) 고속 처리량 표현형으로 알려진 이 과정: Andrade Sanchez, "Field-Based Phenomics for Plant Genetics Research," *Field Crops Research* 133 (2012): 101–12, http://doi.org/10.1080/10643389.2012.72882

5; J. L. Araus and J. E. Cairns, "Field High-Throughput Phenotyping: The New Crop Breeding Frontier," *Trends in Plant Science* 19, no. 1 (2014): 52–61, http://doi.org/10.1016/j.tplants.2013.09.008; Noah Fahlgren et al., "A Versatile Phenotyping System and Analytics Platform Reveals Diverse Temporal Responses to Water Availability in Setaria," *Molecular Plant* 8, no. 10 (2015): 1520–35, http://doi.org/10.1016/j.molp.2015.06.005; Malia A. Gehan and Elizabeth A. Kellogg, "High-Throughput Phenotyping," *American Journal of Botany* 104, no. 4 (2017): 505–8, http://doi.org/10.3732/ajb.1700044; Jordan R. Ubbens and Ian Stavness, "Deep Plant Phenomics: A Deep Learning Platform for Complex Plant Phenotyping Tasks," *Frontiers in Plant Science* 8 (July 2017), http://doi.org/10.3389/fpls.2017.01190.

218) 중국에서 생산한 야생콩은 선충류 저항성에 기대할 수 있다: Xue Zhao et al., "Loci and Candidate Genes Conferring Resistance to Soybean Cyst Nematode HG Type 2.5.7," *BMC Genomics* 18, no. 1 (2017): 1–10, http://doi.org/10.1186/s12864-017-3843-y.

219) 40,000개에 가까운 서로 다른 유전자를 혼합하는 것: Jeremy Schmutz et al., "Genome Sequence of the Palaeopolyploid Soybean," *Nature* 463, no. 7278 (2010): 178–83, http://doi.org/10.1038/nature0867/

220) 20세기의 위대한 옥수수 유전학자 매클린톡 바바라(Barbara McClintock): Barbara McClintock, "The Origin and Behavior of Mutable Loci in Maize," *Proceedings of the National Academy of Sciences* 36 (1950): 344–55; Barbara McClintock, "The Significance of Responses to the Genome to Challenge: Nobel Lecture," 1983, http://www.nobelprize.org/nobel_prizes/medicine/laureates/1983/mcclintock-lecture.html.

221) 드론과 위성사진으로 눈을 돌리고 있다: John Wihbey, "Agricultural Drones May Change the Way We Farm," *Boston Globe*, August 23,

2015, http://www.bostonglobe.com/ideas/2015/08/22/agricultural-drones-change-way-farm/WTpOWMV9j4C7kchvbmPr4J/story.html; Steve Curwood and Nikhil Vadhavkar, "Drones Are the Future of Agriculture," Living on Earth, August 5, 2016, http://www.loe.org/shows/segments.html?programID=16-P13-00032&segmentID=5; G. Lobet, "Image Analysis in Plant Sciences: Publish Then Perish," *Trends in Plant Science* 22 (2017): 1–8, http://doi.org/10.1016/j.tplants.2017.05.002.

222) 식물 과학을 통해 인간의 삶의 상태를 개선시키는: "Improving the Human Condition through Plant Science," Donald Danforth Plant Science Center: Roots & Shoots Blog. Last modified January 6, 2015, http://www.danforthcenter.org/news-media/roots-shoots-blog/blog-item/improving-the-human-condition-through-plant-science.

223) 댄포스 센터에서 만났다: Elizabeth Kellogg in discussion with the author, October 2017.

224) 곡류와 잔디 식물을 연구하는데: Elizabeth Kellogg, "Relationships of Cereal Crops and Other Grasses," *Proceedings of the National Academy of Sciences* 95, no. 5 (1998): 2005–10, http://doi.org/10.1073/pnas.95.5.2005.

225) 곡물 작물을 정착시켜 왔다: Carl Zimmer, "Where Did the First Farmers Live? Looking for Answers in DNA," *New York Times*, October 18, 2016, http://www.nytimes.com/2016/10/18/science/ancient-farmers-archaeology-DNA.html.

226) 엘리자베스는 나를 캐링턴 짐 박사로 데려갔다: Jim Carrington in discussion with the author, October 2017.

227) 유전자 발현을 억제하기 위한 RNA를 사용하는 가능성: Jia He et al., "Threshold-Dependent Repression of SPL Gene Expression by MiR156/MiR157 Controls Vegetative Phase Change in Arabidopsis Thaliana," *PLoS Genetics* 14, no. 4 (2018): 1–28, http://doi.

org/10.1371/Journal.pgen.1007337.

228) 금속 피로를 탐지하는 데 사용되는 X-선 기술을 적용: A. Tabb, K. E. Duncan, and C. N. Topp, "Segmenting Root Systems in X-Ray Computed Tomography Images Using Level Sets," 2018 IEEE Winter Conference on Applications of Computer Vision (WACV), Lake Tahoe, NV/CA, 586–595, http://doi.org/10.1109/wacv.2018.00070.

229) 비료에 외인성 질소를 살포함으로서 충족: National Research Council of the National Academies, *Toward Sustainable Agricultural Systems in the 21st Century*, 2010, http://www.nap.edu/catalog/12832/toward-sustainable-agricultural-systems-in-the-21st-century.

230) 댄포스의 과학자인 바트 베키, 테일러 나이젤과 함께 방문했다: Becky Bart and Nigel Taylor in discussion with the author, October 2017.

231) 댄포스의 43개의 실험 스테이션이 생장 하우스 단지: Donald Danforth Plant Science Center, "Campus: Donald Danforth Plant Science Center Facility," http://www.danforthcenter.org/about/campus.

232) 가뭄 문제는 가장 중요한 도전 과제가 될 것이다: Shujun Yang et al., "Narrowing down the Targets: Towards Successful Genetic Engineering of Drought-Tolerant Crops," *Molecular Plant* 3, no. 3 (2010): 469–90, http://doi.org/10.1093/mp/ssq016; Andrew Marshall, "Drought-Tolerant Varieties Begin Global March," *Nature Biotechnology* 32, no. 4 (2014): 308, http://doi.org/10.1038/nbt.2875; Mark Cooper et al., "Breeding Drought-Tolerant Maize Hybrids for the US Corn-Belt: Discovery to Product," *Journal of Experimental Botany* 65, no. 21 (2014): 6191–94, http://doi.org/10.1093/jxb/eru064.

233) 수작업에 비해 크게 개선된 것: Elizabeth Kellogg in discussion with the author, April 2018.

234) 플랜트시브이라고 불리는 자체 소프트웨어: Malia A. Gehan et al., "PlantCV v2: Image Analysis Software for High-Throughput Plant Phenotyping," *PeerJ* 5 (2017): e4088, http://doi.org/10.7717/peerj.4088.

235) 댄포스 센터의 우수 연구원 모클러 토드: Todd Mockler in discussion with the author, October 2017.

236) 애리조나주 마리코파에 있는 현장 시험 시설: United States Department of Agriculture, "Plant Physiology and Genetics Research: Maricopa, AZ," http://www.ars.usda.gov/pacific-west-area/maricopa-arizona/us-arid-land-agricultural-research-center/plant-physiology-and-genetics-research/.

237) 재생 가능한 농업 표현식 기반의 플랫폼 운송 에너지 자원(TERRA-REF): Noah Fahlgren, Malia A. Gehan, and Ivan Baxter, "Lights, Camera, Action: High-Throughput Plant Phenotyping Is Ready for a Close-Up," *Current Opinion in Plant Biology* 24 (2015): 93–99, http://doi.org/10.1016/j.pbi.2015.02.006; Nadia Shakoor, Scott Lee, and Todd C. Mockler, "High-Throughput Phenotyping to Accelerate Crop Breeding and Monitoring of Diseases in the Field," *Current Opinion in Plant Biology* 38 (2017): 184–92, http://doi.org/10.1016/j.pbi.2017.05.006.

238) 다른 종류의 인공지능: Frank Vinluan, "A.I.'s Role in Agriculture Comes into Focus with Imaging Analysis," *Xconomy*, May 2, 2017, http://www.xconomy.com/raleigh-duRham/2017/05/02/a-i-s-role-in-agriculture-comes-into-focus-with-imaging-analysis/.

239) 기계 학습을 포함한 진보된 계산 방법: Arti Singh et al., "Machine Learning for High-Throughput Stress Phenotyping in Plants," Trends in Plant Science 21, no. 2 (2016): 110–24, http://doi.org/10.1016/j.tplants.j.tplants.2015.10.015; Sotirios A. Tsaftaris, Massimo Minervini, and Hanno Scharr, "Machine Learning for Plant Phenotyping Needs Image Processing," *Trends in Plant Science* 21, no. 12 (2016): 989–91, http://doi.org/10.1016/j.tplants.2016.10.002; Pouria Sadeghi-Tehran et al., "Multi-Feature Machine Learning Model for Automatic Segmentation of Green Fractional Vegetation Cover for

High-Throughput Field Phenotyping," *Plant Methods* 13, no. 1 (2017): 1–16, http://doi.org/10.1186/s13007-017-0253-8.

240) 미국 농무부가 최근 발간한 보고서: United States Department of Agriculture, Economic Research Service using data from the National Agricultural Statistics Service, "June Agricultural Survey." Last updated July 12, 2017, http://www.ers.usda.gov/data-products/adoption-of-genetically-engineered-crops-in-the-us.aspx.

241) 미국에서 경작되는 에이커의 90% 이상: "Adoption of Genetically Engineered Cotton in the United States, by Trait, 2000–17," http://www.ers.usda.gov/webdocs/charts/56323/biotechcotton.png?v=42565; "Adoption of Genetically Engineered Corn in the United States, by Trait, 2000–17," http://www.ers.usda.gov/webdocs/charts/55237/biotechcorn.png?v=42565.

242) 5억 명 이상의 사람들을 위한 주식: FAO and IFAD, *The World Cassava Economy* (Rome: InteRNAtional Fund for Agricultural Development and Food and Agriculture Organization of the United Nations, 2000), http://www.fao.org/docrep/009/x4007e/X4007E00.htm#TOC.

243) 곤충 전염 바이러스성 질병인 카사바 갈색 줄무늬 질병(Cassava Brown Streak Disease, CBSD): "VIRCA Plus: Virus-Resistant and Nutritionally-Enhanced Cassava for Africa," Donald Danforth Plant Science Center. Last modified November 2017, http://www.danforthcenter.org/scientists-research/research-institutes/institute-for-inteRNAtional-crop-improvement/crop-improvement-projects/virca-plus.

244) 식물이 유전적으로 변형되다: Donald Danforth Plant Science Center, "New Cassava Potential—VIRCA—Fact Sheet," http://www.danforthcenter.org/scientists-research/research-institutes/institute-for-inteRNAtional-crop-improvement/crop-improvement-projects/virca.

245) 동아프리카의 농부들은 구입할 수 있을 것이다: Nigel Taylor in discussion with the author, April 2018.

246) 뿌리의 이미지를 X-선 기술을 사용하여 촬영한다: A. Bucksch et al., "Image-Based High-Throughput Field Phenotyping of Crop Roots," *Plant Physiology* 166, no. 2 (2014): 470–86, http://doi.org/10.1104/pp.114.243519.

247) 카사바 뿌리는 훌륭한 칼로리 공급원이다: Donald Danforth Plant Science Center, "VIRCA Plus: Virus-Resistant and Nutritionally-Enhanced Cassava for Africa." Last modified November 2017, http://www.danforthcenter.org/scientists-research/research-institutes/institute-for-inteRNAtional-crop-improvement/crop-improvement-projects/virca-plus.

248) 전 세계 95억 명 이상의 사람들: United Nations Department of Economic and Social Affairs Population Division, "World Urbanization Prospects: The 2018 Revision," 2018, http://population.un.org/wup/DataQuery.

제7장: 다시 한번 멜서스를 이기다

249) 콤프턴 테일러 칼은 흥미로운 글을 썼다: Karl T. Compton, "The Electron: Its Intellectual and Social Significance," *Nature* 139, no. 3510 (1937): 229–40.

250) 조지프는 1906년에 노벨상을 받았다: J. J. Thomson, "Carriers of Negative Electricity," *Nobel Lecture*, 1906, https://www.nobelprize.org/nobel_prizes/physics/laureates/1906/thomson-lecture.html.

251) 쿼크와 글루온과 같은 더 작은 구성 요소: Michael Riordan, "The Discovery of Quarks," *Science* 256 (1992): 1287–93; John Ellis, "The Discovery of the Gluon," ArXiv, 2014, http://arxiv.org/pdf/1409.4232.pdf.

252) 핵물리학의 아버지: E. Rutherford, "LXXIX. The Scattering of α and β Particles by Matter and the Structure of the Atom," *Philosophical Magazine Series* 6 21, no. 125 (1911): 669–88, http://doi.org/10.1080/14786440508637080.

253) 힘의 원천을 기대하는 사람은 누구나: B. Cameron Reed, "A Compendium of Striking Manhattan Project Quotes," *History of Physics Newsletter* 13, no. 3 (2016): 8, http://doi.org/10.1016/j.chembiol.2011.05.005.

254) 아이다호 국립 연구소의 원자력 발전소: "Experimental Breeder Reactor-I," Idaho National Laboratory. Last modified February 8, 2012, http://www4vip.inl.gov/research/experimental-breeder-reactor-1/d/experimental-breeder-reactor-1.pdf.

255) 영국 재무장관 글래드스톤 윌리엄: William Edward Hartpole Lecky, *Democracy and Liberty* (New York: Longmans, Green, and Co., 1899), http://oll.libertyfund.org/titles/1813.

256) 옌센 홀메 피터가 말해줬다: Peter Holme Jensen in discussion with the author, September 2017.

257) 메탄을 에틸렌으로 만들다: Alexander H. Tullo, "Ethylene from Methane: Researchers Take a New Look at an Old Problem," *Chemical and Engineering News* 89, no. 3 (2011): 20–21.

258) 컨버전스 2.0: P. Sharp, T. Jacks, and S. Hockfield, "Capitalizing on Convergence for Health Care," Science 352, no. 6293 (2016): 1522–23, http://doi.org/10.1126/science.aag2350; Phillip Sharp and Susan Hockfield, "Convergence: The Future of Health," *Science* 355, no. 6325 (2017): 589, http://doi.org/10.1126/science.aam8563.

259) 이산화탄소 포획에 의한 기후 변화를 되돌리도록: Ik Dong Choi, Jae Won Lee, and Yong Tae Kang, "CO2 Capture/Separation Control by SiO2 Nanoparticles and Surfactants," *Separation Science and Technology* 50, no. 5 (2015): 772–80, http://doi.org/10.1080/0

1496395.2014.965257; Alison E. Berman, "How Nanotech Will Lead to a Better Future for Us All," 2016, http://singularityhub.com/2016/08/12/how-nanotech-will-lead-to-a-better-future-for-us-all/#sm.000f3rwrf13l3epptd91mp6z4gw9y.

260) 거의 모든 표면을 자가 세척하다: Ivan P. Parkin and Robert G. Palgrave, "Self-Cleaning Coatings," *Journal of Materials Chemistry* 15, no. 17 (2005): 1689–95, http://doi.org/10.1039/b412803f.

261) 실업률이 14%를 넘었다: Roosevelt Institute, "Roosevelt Recession." Last modified August 19, 2010, http://rooseveltinstitute.org/roosevelt-recession/.

262) 1798년 멜서스 토마스가 묘사한 암울한 미래: Thomas Robert Malthus, "An Essay on the Principle of Population as It Affects the Future Improvement of Society," 1798.

263) 전쟁에서 배운 교훈: Vannevar Bush, "Science: The Endless Frontier, A Report to the President by Vannevar Bush, Director of the Office of Scientific Research and Development," Washington, DC, 1945, http://www.nsf.gov/od/lpa/nsf50/vbush1945.htm.

264) 연구 개발에 대한 연방 정부의 투자 수준: Mark Boroush, "U.S. R&D Increased by $20 Billion in 2015, to $495 Billion; Estimates for 2016 Indicate a Rise to $510 Billion," NCSES InfoBrief, 2017, http://www.nsf.gov/statistics/2018/nsf18306/nsf18306.pdf.

265) 정부는 투자 규모를 축소했다: Stephen A. Merrill, "Righting the Research Imbalance," 2018.

266) 기초과학 연구를 위한 민간 자선기금: The Science Philanthropy Alliance, "2016 Survey of Private Funding for Basic Research Summary Report," 2016, http://www.sciencephilanthropyalliance.org/wp-content/uploads/2017/02/Survey-of-Private-Funding-for-Basic-Research-Summary-021317.pdf.

267) 미국과학진흥협회는 다음과 같이 보고했다: AAAS, "R&D Budget

and Policy Program: Research by Science and Engineering Discipline." Last modified September 2017, http://www.aaas.org/page/research-science-and-engineering-discipline.

268) 1995년과 2015년 사이에 많은 나라들이: National Science Board, *Science and Engineering Indicators* 2018, NSB-2018-1 (Alexandria, VA: National Science Foundation, 2018), http://www.nsf.gov/statistics/indicators/.

269) 연간 예산으로 국립 보건원: National Institutes of Health, "Impact of NIH Research." Last modified May 1, 2018, http://www.nih.gov/about-nih/what-we-do/impact-nih-research/our-society.

270) 미국인들의 평균 수명 증가: The World Bank Group, "Life Expectancy at Birth, Total (Years)." Last modified 2017, http://data.worldbank.org/indicator/SP.DYN.LE00.IN?end=2015&locations=US&start=1960.

271) 1990년에 시작된 인류 게놈 프로젝트: Francis S. Collins et al., "New Goals for the U.S. Human Genome Project: 1998–2003," Science 282, no. 5389 (1998): 682–89, http://doi.org/10.1126/science.282.5389.682.

272) 파리, 쥐 및 인간 게놈의 첫 번째 지도: E. S. Lander et al., "Initial Sequencing and Analysis of the Human Genome," *Nature* 409, no. 6822 (2001): 860–921, http://doi.org/10.1038/35057062; J. C. Venter et al., "The Sequence of the Human Genome," Science 291, no. 5507 (2001): 1304–51, http://doi.org/10.1126/science.1058040; R. H. Waterston et al., "Initial Sequencing and Comparative Analysis of the Mouse Genome," Nature 420, no. 6915 (2002): 520–62, http://doi.org/10.1038/nature01262\RNAture01262 [pii]. Mark D. Adams et al., "The Genome Sequence of Drosophila Melanogaster," Science 287 (2017): 2185–96.

273) 암, 당뇨병, 정신분열증의 후보 유전자: Yoshio Miki et al., "Strong

Candidate for the Breast and Ovarian Cancer Susceptibility Gene BRCA1," Science 266, no. 5182 (1994): 66–71, http://doi.org/10.1126/science.7545954; Décio L. Eizirik et al., "The Human Pancreatic Islet Transcriptome: Expression of Candidate Genes for Type 1 Diabetes and the Impact of Pro-Inflammatory Cytokines," *PLoS Genetics* 8, no. 3 (2012), http://doi.org/10.1371/Journal.pgen.1002552; Tiffany A. Greenwood et al., "Association Analysis of 94 Candidate Genes and Schizophrenia-Related Endophenotypes," PLoS ONE 7, no. 1 (2012), http://doi.org/10.1371/Journal.pone.0029630

274) 인간 게놈 비용 시퀀싱: National Human Genome Research Institute, "DNA Sequencing Costs: Data." Last modified April 25, 2018, http://www.genome.gov/sequencingcostsdata/. 156 the National Nanotechnology Initiative (NNI): National Academies of Sciences, Engineering, and Medicine, Triennial Review of the National Nanotechnology Initiative (Washington, DC: National Academies Press, 2016), http://doi:10.17226/23603.

275) 국가 나노 과학 주도권: National Academies of Sciences, Engineering, and Medicine, *Triennial Review of the National Nanotechnology Initiative* (Washington, DC: National Academies Press, 2016), http://doi:10.17226/23603.

276) 혁신적인 신경 기술 주도권을 통한 뇌 연구: Cornelia I. Bargmann and William T. Newsome, "The Brain Research Through Advancing Innovative Neurotechnologies (BRAIN) Initiative and Neurology," *JAMA Neurology* 71, no. 6 (2014): 675–76, http://doi.org/10.1001/jamaneurol.2014.411.Conflict.

277) 화학 공학자인 파울라 해먼드 Sarah L. Clark and Paula T. Hammond, "Engineering the Microfabrication of Layer-by-Layer Thin Films," *Advanced Materials* 10, no. 18 (1998): 1515–19.

278) 의사이자 분자 생물학자인 야페 마이클: Andrew E. H. Elia, Lewis

C. Cantley, and Michael B. Yaffe, "Proteomic Screen Finds PSer/PThr-Binding Domain Localizing Plk1 to Mitotic Substrates," *Science* 299, no. 5610 (2003): 1228–31, http://doi.org/10.1126/science.1079079.

279) 바이-돌 법의 통과: David C. Mowery and Bhaven N. Sampat, "The Bayh-Dole Act of 1980 and University-Industry Technology Transfer: A Model for Other OECD Governments?" *Journal of Technology Transfer* 30, no. 1/2 (2005): 115–27, http://doi.org/10.1007/0-387-25022-0_18.

280) 미국 학술 기관에 발행된 특허의 수: Ampere A. Tseng and Miroslav Raudensky, "Assessments of Technology Transfer Activities of US Universities and Associated Impact of Bayh-Dole Act," *Scientometrics* 101, no. 3 (2014): 1851–69, http://doi.org/10.1007/s11192-014-1404-6; National Science Board, Science and Engineering Indicators 2018, NSB-2018-1 (Alexandria, VA: National Science Foundation, 2018), http://www.nsf.gov/statistics/indicators/.

281) 미국 특허청의 연례 보고서에서 상위 몇 안 되는 사람들: U.S. Patent and Trademark Office Patent Technology Monitoring Team, U.S. Colleges and Universities—Utility Patent Grants, Calendar Years 1969–2012, 2012, http://www.uspto.gov/web/offices/ac/ido/oeip/taf/univ/univ_toc.htm.

282) 닐슨 헬릭스는 주요 투자자들이: Claus Hélix-Nielsen in discussion with the author, September 2017.

283) 핑크는 정부에 제안한다: Larry Fink, "Larry Fink's Annual Letter to CEOs: A Sense of Purpose," Blackrock, 2017, http://www.blackrock.com/corporate/investor-relations/larry-fink-ceo-letter.

284) 1세대 또는 2세대 이민자를 보유한 성공적인 미국 기업: Center for American Entrepreneurship, "Immigrant Founders of the 2017 Fortune 500," accessed June 18, 2018, http://startupsusa.org/fortune500/.

285) 포춘 500 대 기업 창립자의 거의 절반: Leigh Buchanan, "Study: Nearly Half the Founders of America's Biggest Companies Are First- or Second-Generation Immigrants," *Inc.*, December 5, 2017, http://www.inc.com/leigh-buchanan/fortune-500-immigrant-founders.html.

286) 전체 신입생의 3분의 1 이상: National Science Board, "Higher Education in Science and Engineering," in *Science and Engineering Indicators* 2018, 2.1-109 (Arlington, VA: National Science Foundation, 2018), http://www.nsf.gov/statistics/seind12/.

287) 대학원 프로그램의 국제 학생 등록: Nick Anderson, "Report Finds Fewer New International Students on U.S. College Campuses," *Washington Post*, November 12, 2017, http://www.washingtonpost.com/local/education/report-finds-fewer-new-international-students-on-us-college-campuses/2017/11/12/5933fe02-c61d-11e7-aae0-cb18a8c29c65_story.html.

288) 2001년 테러 이후 처음으로 감소했다: Bianca Quilantan, "International Grad Students' Interest in American Higher Ed Marks First Decline in 14 Years," Chronicle of Higher Education, January 30, 2018, http://www.chronicle.com/www.chronicle.com/article/International-Grad-Students-/242377.

289) 새로 등록하는 유학생의 수: Hironao Okahana and Enyu Zhou, *International Graduate Applications and Enrollment:* Fall 2017 (Washington, DC: Council of Graduate Schools, 2018).

290) 95억이 넘는 세계 인구: United Nations Department of Economic and Social Affairs Population Division, "World Urbanization Prospects: The 2018 Revision," 2018, http://population.un.org/wup/DataQuery.

291) 절박한 위기에서 우리를 구하다: Ted Nordhaus, "The Earth's Carrying Capacity for Human Life Is Not Fixed," *Aeon*, July 5, 2018, http://aeon.co/ideas/the-earths-carrying-capacity-for-human-life-is-not-fixed.

292) 노벨상 수상자인 생물학자 필립 샤프: Phillip A. Sharp, "Split Genes and RNA Splicing," *Nobel Lectures*, 1993, http://www.nobelprize.org/nobel_prizes/medicine/laureates/1993/sharp-lecture.pdf.

찾아보기

ㅅ

ㅇ

우리시대 질문총서 16

살아있는 기계의 시대

초판 인쇄 2023년 2월 6일

초판 발행 2023년 2월 13일

원표제 THE AGE OF LIVING MACHINES

원저자 수잔 호크필드

번역자 신보성

기획 우리시대 질문총서 제작위원회

간사 장윤서 · 한주연

교정·교열 박수정

디자인·편집 배영미

발행인 차정인

펴낸곳 부산대학교출판문화원

출판등록 제1983-000001호 1983.11.10.

부산광역시 금정구 부산대학로 63번길 2 (우편번호46241)

대표전화 051-510-1932 팩시밀리 051-512-7812

www.press.pusan.ac.kr

ISBN 978 - 89 - 7316 - 767 - 8 (04800)

978 - 89 - 7316 - 650 - 3 (세트)

※ 이 총서는 부산대학교 국립대학육성사업(REN)의 지원으로 제작되었습니다.